U0165884

織物分析與設計

五南圖書出版公司 印行

目錄 織物設計與分析

作者序

　　織物設計是紡織工廠、企業生存之關鍵與發展方向，惟有品種、花色不斷的翻新、改變產品之結構與實現產品的升級，才能促進生產與提升經濟效益，故織物設計實為生產當中最重要的一環。

　　紡織品設計的方向是否符合市場需求，直接關係到其競爭力的強弱，此乃紡織品設計者首要考慮的課題。但關於紡織品組織方面的書籍著作並不多，基於此，本書再度從新編著出版，以更簡明的方式從簡單的三元組織到變化組織做有系統地介紹其特點及演變方法，並附上各個組織圖，以供參考；同時更加入組織與色彩的配列技巧，以期對從事織物設計人員及學習者有所助益，因此，本書除了適合大專院校學生研習外，並可提供相關從事人員自學及培訓教材之用。

　　本書在編著過程中，難免有所疏失與錯誤，在此竭誠地歡迎各位讀者的批評與指正。

編著者　曾雯卿

黃竣群

蔡鴻宜

僅識於黎明技術學院

chapter
01

織物
組織概論

Chapter 1 織物組織概論

1-1　織物之種類

織物目前大致上可分為梭織物（Fabric）、針織物（Hosiery）及非織物（nonwoven fabric）等三種，表（1-1）為其組成方式及用途之簡略分別法：

表（1-1）　織物組成方式及用途

種類	組成方式	用途
梭織物	由經緯兩方向之紗線以直角交織而成之布種。	服飾、寢具、人造皮基布、包裝用布、複合材料基布、產業用基材、衛生用材料等。
針織物	由單一組紗線（緯向或經向）編織而成之織物，有經編及緯編之分。	服飾、傢飾布等
非織物	將鬆散之纖維以黏著劑或紮針法加以黏合或縫結而成之織物，有乾法、溼法、抽絲法等方法之分。	隔熱防音、電器絕緣材料、製紙用、水土保持等質材、壁紙、合成皮革之基布、衛生材料、衣襯等。

1-2　織物組織之意義

本書是以探討梭織物為主，織物係利用天然纖維、人造纖維或各種不同纖維混合之紗線縱橫交錯而成，縱向者稱為經紗（warp），橫向者稱為緯紗（welf），不論何種織物均由經緯紗（絲）交錯而成，此經緯紗互相交錯之

情況稱為織物結構圖，一般而言梭織物可分為三種：

（一）平行織物類

此種織物係一組互相平行之經紗，與一組互相平行之緯紗以直角交錯方式所織成之織物，此種織物應用之範圍最廣，如平紋、斜紋、緞紋等均是。

（二）起毛織物類

此織物表面呈現毛絨或毛圈狀，如毛巾、天鵝絨織物等。

（三）絞經織物類

此種織物是由部分或全部經紗或左或右互絞再與互相平行之緯紗互交而成之織物，如沙羅織物等。

1-3　織物組織之表示法

（一）組織點、經浮點與緯浮點

在織物內經緯紗按一定的規律相互浮沉交織而成，這種相互浮沉交織之規律性稱為織物結構圖，當織物結構產生變化時，織物之外觀及性質亦隨之而變。

經緯紗交織處稱為組織點，如圖1-3-1所示，若此組織點為經紗在緯紗之上稱為經浮點，若緯紗在經紗之上則稱為緯浮點。

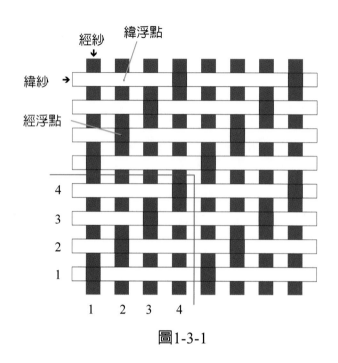

經紗

緯浮點

緯紗 →

經浮點

4

3

2

1

1　2　3　4

圖1-3-1

（二）意匠圖（design paper）

按經緯方向劃以直線形成眾多小方格之表格，稱為意匠紙，其直格代表經紗，橫格代表緯紗，每一方格代表一組織點，如圖1-3-2。

意匠紙為了方便起見，每隔定數縱橫兩方均以粗線劃分之稱為區（square or block），一般一區中之格子數有8、10、12、16等幾種，每區內豎格與橫格之比稱為意匠紙之密度，意匠紙之密度與織物之組織有密切之關係，即意匠紙之密度與織物每寸之經紗數與緯紗數成正比，如布之經緯密為120×80，則使用12×8之意匠紙較方便（因120：80 = 12：8）。

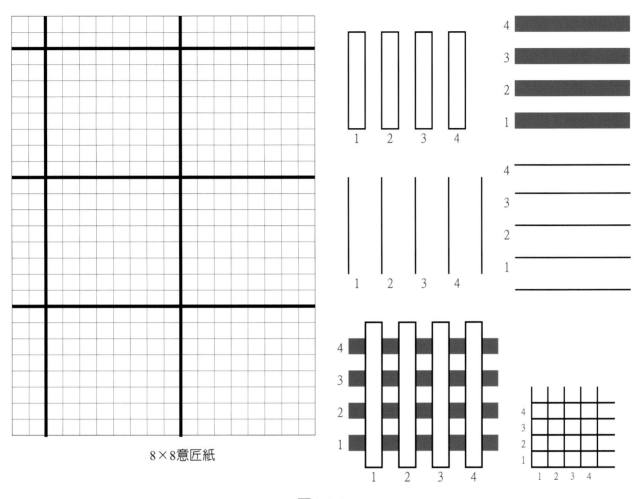

8×8意匠紙

圖1-3-2

　　一般縱行表示經紗，經紗次序是由左至右示之，橫行表示緯紗，緯紗次序則是由下而上示之，將結構圖按照經緯浮沉關係，填繪在意匠紙上之情況稱為組織圖。一般填繪法：如組織點為經浮點時，則在對應之意匠紙上做記號，一般所採用之符號有「X」、「○」、「●」、「△」或「■」等，亦有用顏色來表示，若為緯浮點時則不做任何記號，如圖1-3-3。

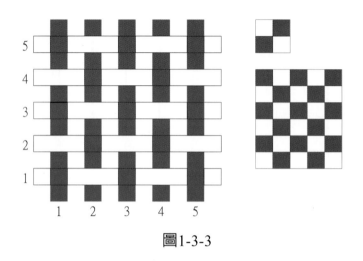

圖1-3-3

（三）完全組織（complete weave）

　　織物之實際經緯根數雖然多，但組織圖上僅須依照經緯之交錯情形繪成一個循環即可，此一個最小重複單位稱為一完全組織，如圖1-3-4，構成一個完全組織之經緯紗根數，稱為完全經緯紗數，可用$R_1 \times R_2$表示，此時$R_1 \times R_2$中的「×」符號僅是分隔作用，無其他意義。

　　PS：R_1表一完成組織之完全經紗數

　　　　R_2表一完全組織之完全緯紗數

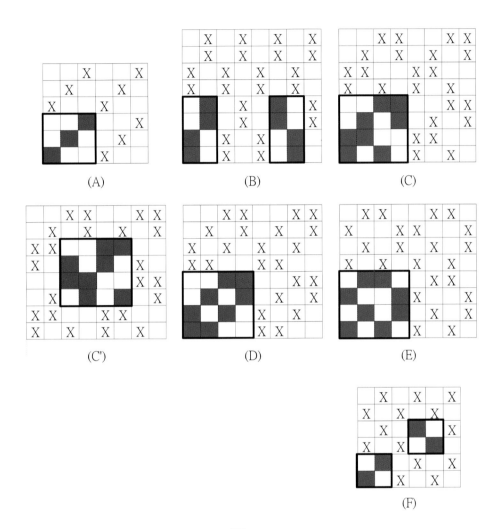

(A)

(B)

(C)

(C')

(D)

(E)

(F)

圖1-3-4

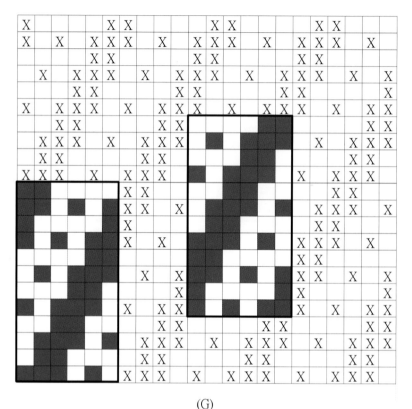

(G)

圖1-3-4（續）

（四）等價組織（equivalent weave）

一個完全組織有很多表示方法，從外觀看來可能是不同之組織，但實質上是同一塊布料，如圖1-3-5（A）、（B）所示，故一組織之經緯紗可按照排列次序依次調動，所織出之布完全是一樣的，這樣的組織均稱為等價組織。

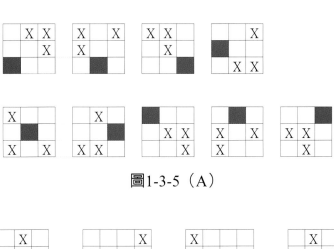

圖1-3-5（A）

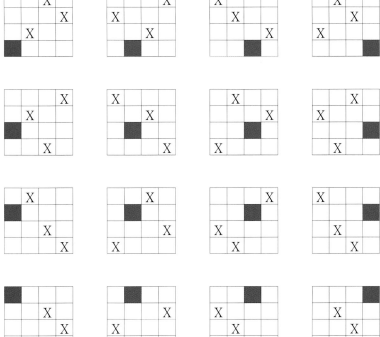

圖1-3-5（B）

（五）斷面圖、交錯點

　　將一結構圖或組織圖加以剖面觀察，可以看出經緯紗間之交錯，稱為斷面圖，如圖1-3-6所示，圖（A）為一根緯紗在8根經紗間交錯之斷面圖，圖（B）為一根經紗在八根緯紗間交錯之斷面圖。

　　如圖（A），緯紗在經紗上之轉折點有8點，故有8個交錯點。

　　如圖（B），經紗在緯紗上面轉折點有8點，故亦有8個交錯點。

　　故此組織之交錯點與完全經緯紗之比值 $T = \dfrac{交錯點數}{一完全經或緯紗數之根數}$。

(A)

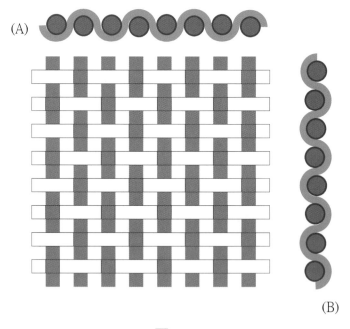

(B)

圖1-3-6

（六）飛數（counter）

在研究織物組織時，常遇到「飛數」這一名詞，飛數之定義是指在同一系統內之相鄰兩根紗上，相對應的經（或緯）組織點之間隔的緯（或經）紗數。飛數常以S表示之，如圖1-3-7所示，第一根經紗上之經浮點在第一根緯紗上，第二根經紗上之經浮點在第6根緯紗上，則飛數S = 6 − 1 = 5。

按照飛向可分為按經方向數的飛數稱為經向飛（S_1），按緯方向數的飛數稱為緯向飛（S_2）。

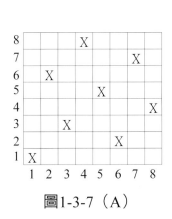

圖1-3-7（A）

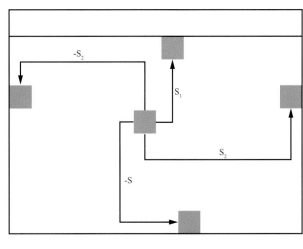

圖1-3-7（B）

（七）經面組織與緯面組織

原組織在一完全組織內，每根經紗（或每根緯紗）之經（緯）浮長各有不同，若經浮點占多數則稱經面組織，若緯浮點占多數則稱為緯面組織。

課後練習

1. 織物之種類及其組織方式有哪些？

2. 完全組織和等價組織之意義何在？

3. 將下列組織物之結構圖轉化為組織圖。

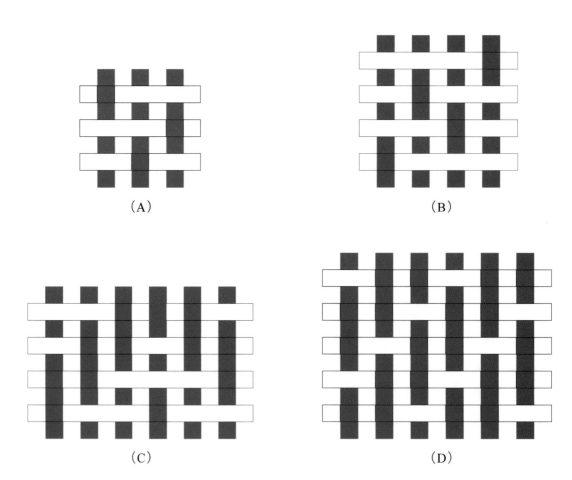

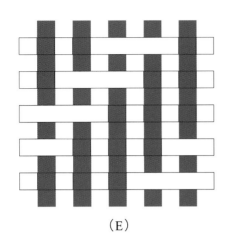

（E）

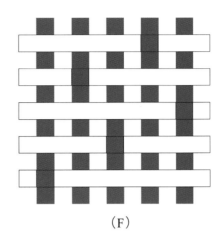

（F）

4. 將下列組織圖，繪成織物結構圖。

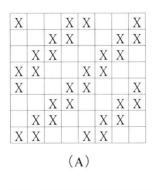

（A）

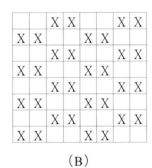

（B）

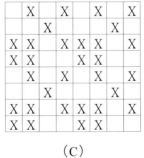

（C）

（D）

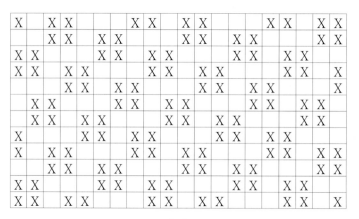

（E）

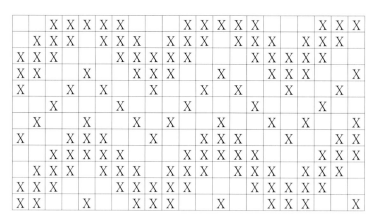

（F）

chapter 02

三元組織

Chapter 2 三元組織

　　三元織物是一切組織之基礎，所有的織物均由此衍生而成，三元組織包括平紋、斜紋與緞紋三種組織。

2-1　平紋組織

（一）平紋組織（plain weave）

　　平紋組織是最簡單之組織，它是由2根經紗2根緯紗交互交織而成之組織，如圖2-1-1所示，即一根經紗在一根緯紗之上，一根緯紗在一根經紗之上。

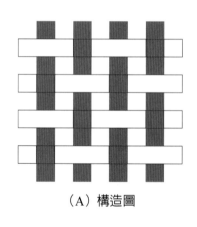

（A）構造圖

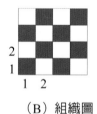

（B）組織圖

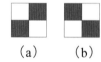

（a）　　（b）

（C）完全意匠圖

圖2-1-1

　　故

1. 平紋組織簡稱$\frac{1}{1}$（稱呼，1上1下，其中分子表經浮點，分母表緯浮點）。

2. 一完全組織的經緯紗數 ＝ 2×2（由2根經紗、2根緯紗所組成）：

$R_1 \times R_2 = 2 \times 2$

3. 交錯點比值T ＝ 1

4. 飛數$S_1 = S_2 = 1$

（二）平紋組織之應用

平紋組織是最簡單、交錯數最多的組織，也是應用最廣之織物，它可配以不同之原料、粗細、密度、撚度、撚向、色澤或採用不同之織造條件，與染整條件均可得到不同之外觀及物理性質之織物。

分述如下：

1. 若採用不同粗細之經緯紗，可在布面呈現縱向或橫向凸出之條紋，甚至可表現出格子之花紋。

2. 若採用不同之穿筘方式（如有些採用2根穿一筘，有些5根穿一筘），亦即配以不同之經紗密度，則織物外觀將產生厚薄不一之條紋布。

3. 利用不同撚向之經緯紗配列（如S撚向：Z撚向=100條：100條），使之布面因反光的不一致，而產生暗條或暗格之效果，尤以長纖織物為主。

4. 使用單方向強撚度之緯紗，使布面產生強烈之縐縮效果，如楊柳布（yoryu）。

5. 在織機上利用上機張力之不同，甚至利用兩只經軸織造，產生不同縱向之收縮，如泡泡布（sucker）。

6. 在染整時施以不同之加工，使布面產生不同之變化，如印花、燒印、壓印、綁染、蠟染、石頭洗或水洗等等。

2-2　斜紋組織

斜紋組織經緯紗之浮長是連續性且成斜向之紋路，不同於平紋組織（每根經緯紗均連續相互上下交錯而成），最簡單之斜紋是由3根經紗3根緯紗所組成，斜紋組織通常用分式來表示，分子表示完全組織內一根經紗上的經浮點數目，分母表示緯浮點數目，如圖2-2-1所示，其中圖（A）為組織圖，其完全組織內的每一根經紗上均有一個經浮點及兩個緯浮點，如此就以$\frac{1}{2}$分式來表示，讀為1上2下斜紋組織，圖（B）為緯向剖面圖、圖（C）為結構圖。

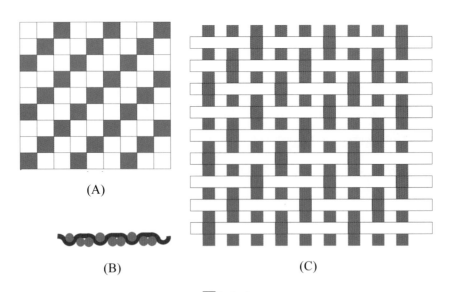

(A)

(B)

(C)

圖2-2-1

斜紋組織的表示方式，分述如下：

（一）右斜紋、左斜紋與正斜紋

通常在斜紋之分式旁邊加一箭頭以表示斜紋之斜向，如（↗）表示右斜紋，即布紋之斜向為從左下往右上斜，如以（↖）表示左斜紋，即布紋之斜向從右下往左上斜，如圖2-2-2所示，圖（A）以$\frac{1}{3}$（↗）表示，稱為1上3下右斜紋，圖（B）以$\frac{1}{3}$（↖）表示，稱為1上3下左斜紋，圖（C）以$\frac{3}{1}$（↗）表示，稱為3上1下右斜紋。

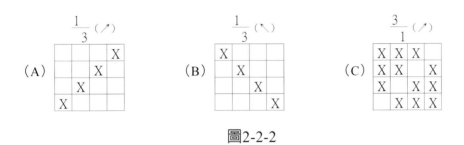

圖2-2-2

故可知每根經紗之組織點均依斜向上升一格（即飛數為1），如在8X8意匠紙（即經密等於緯密）上繪出時必成45度之角度，凡斜紋線成為45度之斜紋組織，則稱為正則斜紋組織（common twill or Regular twill）。

（二）$\frac{g}{h}$型斜紋（稱為g上h下斜紋）（g、h均為正整數，g、h不能同時為1）

$\frac{g}{h}$斜紋乃表示一完全組織內之交錯數，只有2個之斜紋，也是最單純之斜紋組織，即表示一完全組織內一根經紗上之連續經浮點數為g個，連續緯

浮點數為h個，稱為g上h下，此斜紋之特性如下：

1. 完全經緯紗數（$R_1 \times R_2$）＝（g＋h）×（g＋h）

2. 交錯點比值T＝$\dfrac{2}{g+h}$

3. 飛數$S_1 = S_2 = 1$

4. 繪製法

（1）右斜紋

 a. 以一完全組織之左下角為起始點。

 b. 按所繪製之組織$\dfrac{g}{h}$，填繪在第一根經紗上。

 c. 再按飛數，將$\dfrac{g}{h}$組織繪在第二根經紗上，如$S_1 = 1$，即第二根
經紗之經緯浮位置比第一根經紗之經緯浮位置高一個位置。

 d. 依此類推，將所有之經紗繪完，則可得該組織之組織圖。

（2）左斜紋

 a. 以一完全組織之右下角為起始點。

 b. ～d同右斜紋之作法。

5. 如圖2-2-3所示，圖（A）為$\dfrac{2}{1}$（↗），圖（B）為$\dfrac{2}{2}$（↗），圖
（C）為$\dfrac{1}{2}$（↖），圖（D）為$\dfrac{3}{2}$（↗）。

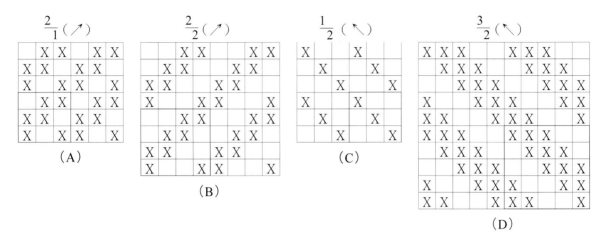

圖2-2-3

（三）類似$\dfrac{g.i.k}{h.j.l}$……型之斜紋（稱為g上h下i上j下k上l下）

此類型之斜紋乃表示一完全組織內之交錯數在2個以上，即表示一完全組織內一根經紗上連續經浮點為g個，而後連續浮點為緯浮點h個、經浮點為i個，緯浮點j個，經浮點為k個，最後緯浮點為1個，依此類推所得之斜紋。此時g.h.i.j.k.l稱為數，即此例共有6個基數，此類斜紋之特性如下：

1. 完全經緯紗

$$(R_1 \times R_2) = (g + h + i + j + k + l) \times (g + h + i + j + k + l)$$

2. 交錯點比值$T = \dfrac{\text{基體個數}}{g + h + i + j + k + l}$

3. 飛數$S_1 = S_2 = 1$

4. 繪圖法：同$\dfrac{g}{h}$型之斜紋圖法，如圖2-2-4（A）～（D）圖所示。

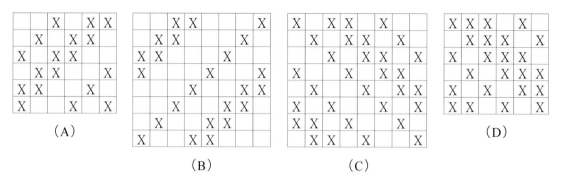

(A)

(B)

(C)

(D)

圖2-2-4

　　正則斜紋之完全經緯紗數為各個基數所示數值之總和，如$\frac{1}{2}$斜紋之 $R_1 \times R_2 = （3 \times 3）$，即表示一完全組織之經緯紗線是由3根經紗及3根緯紗所組成，此種組織稱為三枚（頁）斜紋（3 harness twill or 3 leaf twill），同樣若以$R_1 \times R_2 = （4 \times 4）$所組成之斜紋稱為四枚（頁）斜紋（4 harness twill or 4 leaf twill），以此類推，如圖2-2-5為3頁斜紋，圖2-2-6為4頁斜紋。

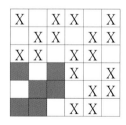 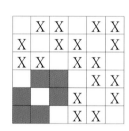 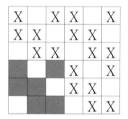

圖2-2-5

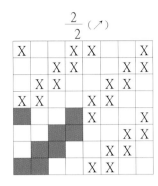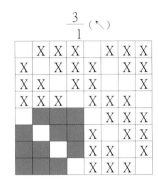

圖2-2-6

（四）斜紋之正反面關係

　　斜紋布在製織過程中，必須非常謹慎的處理，不然可能因為實際左右次序不一，而造成布面斜向之不同，甚至影響到布之組織及手感，因此本節針對布之正、反面作探討，以作為製織之參考，如圖2-2-7、2-2-8所示，當布由正面轉為反面時，有下列幾點原則要把握：

　　1.經紗排列次序左右相反。
　　2.正面為經浮點反面則為緯浮點。
　　3.正面為緯浮點反面則為經浮點。

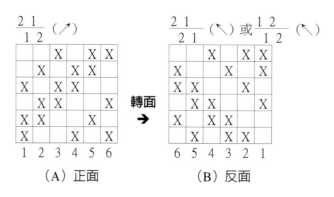

圖2-2-7

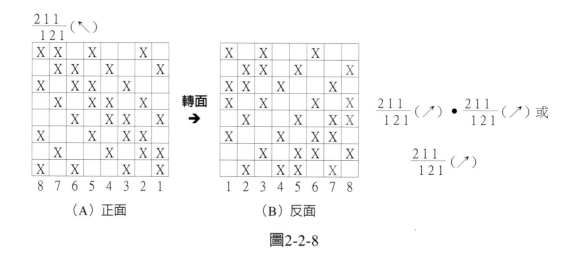

圖2-2-8

以上所述可得下列結論：

（1）正面及反面斜紋之斜向相反。

（2）正面及反面斜紋之組織有可能會改變。

（五）單面斜紋（one-side twill）與兩面斜紋（even-side twill）

由前面敘述可知斜紋組織之正反兩面之斜向一定相反，此時若斜紋正反兩組織不同則稱為單面斜紋，如圖2-2-7所示，若斜紋正反面組織相同，則稱為兩面相紋，如圖2-2-8所示。

以下為判別是否為兩面斜紋之方法：

1. 基數原理判別法

一般斜紋組織之基數如為4N－2（N為正整數），則會有兩面斜紋之機率，若基數為4N時，則一定為非兩面斜紋組織，如下表分析：

基數 $\begin{cases} 4N \begin{cases} N=1（基數為4），如 \dfrac{g.i}{h.j} 型之斜紋。 \\ N=2（基數為8），如 \dfrac{g.i.k.m}{h.j.l.n} 型之斜紋。 \end{cases} \\ 4N-2 \begin{cases} N=1（基數為2），如 \dfrac{g}{h} 型之斜紋，只要g=h時即為兩面斜紋。 \\ N=2（基數為6），如 \dfrac{g.i.k}{h.j.l} 型之斜紋，則有兩面斜紋出現之機率。 \end{cases} \end{cases}$

2. $\dfrac{g.i.k}{h.j.l}$型斜紋判別法

（1）先將$\dfrac{g.i.k}{h.j.l}$斜紋之反面組織讀出，即為$\dfrac{h.j.i}{i.k.g}$。

（2）再判斷$\dfrac{g.i.k}{h.j.l}$和$\dfrac{h.j.i}{i.k.g}$是否為同一組織。

（3）若為同一組織，即為兩面斜紋，如$\dfrac{2\,3\,1}{1\,2\,3}$斜紋之反面組織為$\dfrac{1\,2\,3}{3\,1\,2}$和正面組織排列次序相同，故為兩面組織。

如 $\frac{1\,1\,2}{2\,1\,1}$ 之反面組織為 $\frac{2\,1\,1}{1\,2\,1}$ 和正面組織之排列次序相同，故亦為兩面組織。

如 $\frac{2\,1\,1}{1\,1\,2}$ 之反面組織為 $\frac{1\,1\,2}{1\,1\,2}$ 和正面組織之排列次序不同，故為單面組織。

（六）斜紋之分類

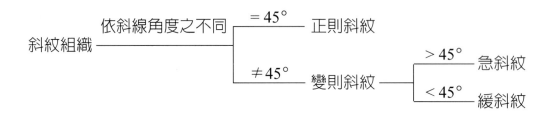

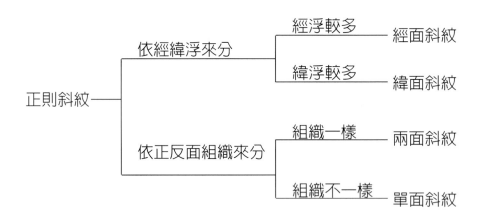

（七）斜紋組織之應用

　　一般斜紋布料之交錯點較平紋組織為少，故單位面積內容納之經緯紗根數較平織根數為多，所組成之布亦較平紋為密且厚重，因經緯之浮出較多

故表面光澤較佳，且柔軟不易皺，在市場上很少有薄的斜紋布（除蠶絲布之外），印花布亦很少使用斜紋布，乃怕斜紋線搶走了印花布之光彩。

常見之斜紋布之應用如下：

1. 利用經緯紗不同顏色之配列，以形成不同格子之花樣，例如：千鳥格子布。
2. 利用各種不同斜紋角度與斜向之變化，以形成不同斜紋布之花紋，例如：人字斜紋（Herring bont），軋別丁（Gaberdine）。
3. 利用各種不同加工方法以形成手感之變化，如：刷毛、縮呢等方法產生正反兩面不同之觸感，如嗶嘰布（Serge）、法蘭絨（Flannel）、刷毛布（brush）等。

2-3　緞紋組織

緞 紋之組織係平均分散於組織中，在一完全組織中每一經每一緯僅有一個經浮點，或緯浮點故經緯之交錯點最少，即經紗或緯紗大多浮於織物之表面，故其表面特別光滑、光亮，唯耐磨力甚差。

（一）緞紋之特性與繪製

一完全組織之完全經緯紗數，R≥5（6除外），若R=5稱為5枚緞紋（5 harness satin），若R=7則稱為7枚緞紋（7 harness satin），茲將緞紋之特性條列如下：

1. 完全經緯紗數（$R_1 \times R_2$），R = 緞紋數

2. 交錯點比值$T = \dfrac{2}{R_1}$。

3. 飛數：一般緞紋之飛數以經向飛（S_1）為主，S_1為正整數。

   （1）一般飛數之算法，是將N枚緞紋之N值，分為兩個數字之和（W_1，W_2），且此兩個數字不包括1及N值（如，7枚緞紋可分為2 + 5，3 + 4），即$1 < S_1 < N$。

   （2）其中所分出之兩個數字（W_1，W_2）不能有公約數存在。

   由上（1）、（2）兩個條件可知緞紋之飛數不僅只有一個而已，例如：8枚緞紋，可分為2 + 6、3 + 5、4 + 4等三組數據，但除了3 + 5這組之外，其他二組均有公約數存在，故8枚緞紋之飛數只有3或5飛，稱為8枚3飛緞紋或8枚5飛緞紋，另外，若所繪製的緞紋，經浮點較多，稱為經面緞紋，反之若緯浮點較多，則稱為緯面緞紋。

4. 繪圖法：

   （1）緯面緞紋

   在意匠紙之左下角的第一根經紗上，先作一組織點（經浮點），以此點為基礎，再按所選用之飛數一次作一個組織點，直到完成一個組織為止，如下所示：

   例：繪5枚緯面緞紋之組織圖

   a. 完全經緯紗數（$R_1 \times R_2$）= 5×5

   b. S = 2 + 3（1 + 4不行），故只有2飛和3飛。所以5枚緯面緞紋有5枚2飛及5枚3飛兩種。

   c. 圖2-3-1（A）為5枚2飛緯面緞紋

圖2-3-1（B）為5枚3飛緯面緞紋

其中2-3-2（A）～（D）分別為7枚緯面緞紋（2飛、3飛、4飛、5飛）。

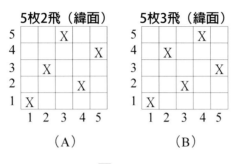

圖2-3-1

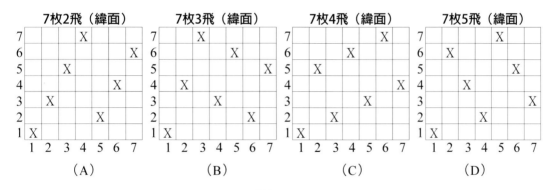

圖2-3-2

（2）經面緞紋

在意匠紙上左下角第一根經紗上先作一組織點，即緯浮點空白之，其餘均為經浮點，以此點（緯浮點）為基礎，再按選用之飛

數依次作組織點直至完成一組織為止，如下所示：

例：繪8枚經面緞紋之組織圖

a. 完全經緯紗數（$R_1 \times R_2$）＝ 8×8。

b. 飛數S ＝ 3＋5（2＋6,4＋4兩組不可採用），故8枚經面緞紋有8枚3飛及8枚5飛兩種。

c. 圖2-3-3（A）為8枚3飛緯面緞紋。

   圖2-3-3（B）為8枚5飛緯面緞紋。

8枚3飛（經面）

X	X	X	X	X		X	X
X	X			X	X	X	X
X	X	X	X	X		X	
X	X	X			X	X	X
X		X	X	X	X	X	X
X	X	X	X	X		X	
X	X		X	X	X	X	X
	X	X	X	X	X	X	X

（A）

8枚5飛（經面）

X	X	X		X	X	X	X
X	X	X	X	X	X		X
X		X	X	X	X	X	X
X	X	X	X	X		X	X
X	X	X	X		X	X	X
X	X		X	X	X	X	
X	X	X	X	X	X	X	
	X	X	X	X	X	X	X

（B）

圖2-3-3

（3）由正則斜紋變化

緞紋組織除了以上劃法之外，亦可由正則斜紋變化而得，如將圖2-3-4（A）所示為1/4（↗）正則斜紋組織之5根經紗，每隔1根填繪一次（即原為1.2.3.4.5之經紗順序填繪改為1.3.5.2.4）則可得圖2-3-4（B）之5枚2飛之緞紋，若每隔2根填繪一次（即原為1.2.3.4.5之經紗順序改為填繪1.4.2.5.3）則可得圖2-3-4（C）所示之5枚3飛緯面緞紋。

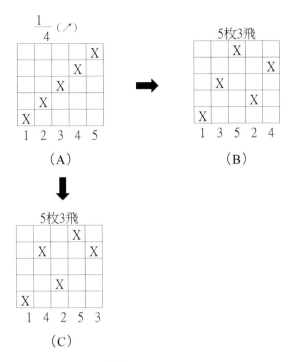

圖2-3-4

（二）緞紋正反面之關係

緞紋組織其正反面經緯互相對應，如圖2-3-5（A）為8枚3飛緯面緞紋，反面則為8枚5飛經面緞紋，如圖2-3-5（B）所示，（3＋5＝8）。

如圖2-3-6（A）為7枚2飛經面緞紋，反面則為7枚5飛之緯面緞紋，如（B）圖所示，（2＋5＝7）。

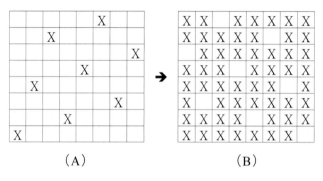

（A）　　　　　　　　　　　　（B）

圖2-3-5

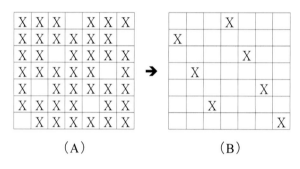

（A）　　　　　　　　　　　　（B）

圖2-3-6

（三）緞紋組織之選擇

緞紋組織之組織點是很均勻的散布在組織中，我們要求之布面效果是亂而均勻之布面，故斜向不能太清楚，以免破壞布面之平整、光滑性，為了便於對緞紋組織點排列之優劣情況進行分析，現以圖2-3-7（A）～（J）所示的一系列13枚緞紋組織圖為例，作為說明如下：

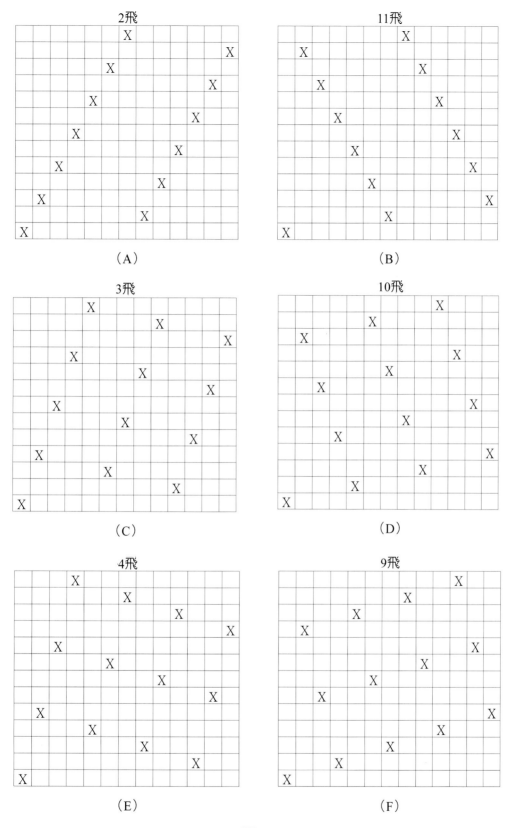

圖2-3-7

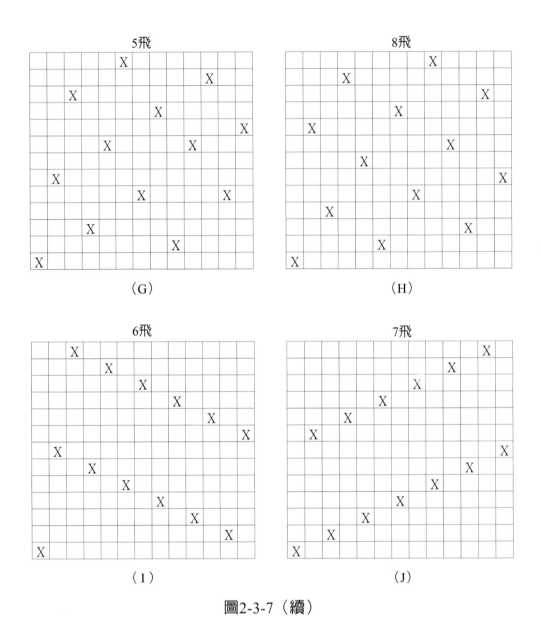

図2-3-7（續）

上圖中可以看出，（A）、（B）、（I）、（J）四圖中（2、11、6、7飛），因組織點形成明顯之斜紋，所以是效果最差之緞紋組織。

其中圖（C）、（D）、（E）、（F）效果較佳（3、10、4、9飛），圖（G）、（H）（5、8飛）效果最好，其組織點的分布最均勻，在（A）、（C）、（G）三種組織中，連接相鄰之四點，可看出（A）圖形成一個較長之長方形，（C）圖形成一個短的長方形而（G）圖則形成一個正方形，這說明在緞紋組織內其組織點分布成正方形時，織物表面上組織點分布較均勻，組織點所產生之斜線痕跡也較不明顯，如此可提高緞紋組織之光澤。

綜合以上所述，在選擇緞紋組織時，以組織點呈現正方形分布者最佳，呈現菱形者次之，呈長方形分布者最差，應力求避免。

上述分析是在經密、緯密均相等之情況，如果組織的經、緯密不同時，則緞紋組織中相鄰組織點所連成之四邊形也隨之改變，故應根據實際狀況加以選擇適合之組織。

（四）緞紋組織之應用

緞紋組織由於交錯點少、浮長長，故它的織品柔軟度高、不易起皺，但易生毛邊，在織物的分類中，常將長纖所織成之緞紋布稱為（satin），而棉紗織成之緞紋布則稱為（sateen），緞紋一般由於經密大，且經浮長，因而造成布之正反面外觀不同，也就是正面所看到的均為經紗之外觀，背面所看到的均為緯紗，一般緞紋有下列之設計方式：

1.利用經緯紗原料之不同，來創造緞紋布正反面之差異，如長纖設計上

常用亮絲且無撚的絲來當經紗，以顯現布面之光澤，經常被用在晚禮服上。

2. 利用緯紗原料之變化，以產生不同之設計品，如織入棉紗或T/C，之後再經刷毛，經常被用在睡衣上，甚至織入強撚紗，以使布面產生小縐紋，而造成布面閃爍之效果。

3. 利用緞紋及平紋之組織搭配，使布面產生條紋及厚薄不一之效果，但須注意組織不同所造成布面不平之因素。

2-4　三元組織之特性

（一）組織之特性

1. 平紋

（1）組織最簡單，且應用最廣泛。

（2）經緯方向之交錯比值最多、屈曲度最大，故耐磨度較強。

（3）單位面積中，紗的密度最小（經、緯密較小）。

（4）觸感最硬，缺乏彈性。

（5）布質較薄，表裡組織相同。

（6）開口裝置最簡單。

2. 斜紋

（1）組織最少由3根經紗、3根緯紗所組成，布面有斜紋線之花紋。

（2）經緯方向之交錯點比值較少、屈曲度小，故耐磨度較弱。

（3）單位面積中紗之密度較高（經、緯密度較大）。

（4）觸感較軟、光澤有彈性。

（5）布質較密實、較厚，表裡組織有相同者，亦有不同者。

（6）組織之種類繁多，故開口裝置較繁雜。

3. 緞紋

（1）此組織最少由5根經紗和5根緯紗所組成，布面有強烈之光澤性。

（2）一完全組織內，經、緯向只有2個交錯點、屈曲度最小，故耐磨度最差。

（3）單位面積中，紗之密度最大（經、緯密度最大）。

（4）觸感柔軟，有強烈之光澤性。

（5）布質厚實、柔軟平滑，正反兩面顏色不同（正面為經紗顏色，反面為緯紗顏色）。

（6）組織之種類較少，開口裝置中等。

（二）織物相對強度之關係

當原料、纖度、經緯密度和織造條件相同情況下，織造三元組織時，由於組織結構之不同，其織物之強度亦有不同。

1. 平紋組織

由於組織結構為一上一下的交織，當織物承受磨擦、彎曲等外力時，一般經、緯兩系列之紗線將同時承受外力，因此其強度較好、且手感較結實。

2. 斜紋組織

因組織結構出現經、緯浮長之差異，故在受外力時，某一系列之紗線所承受之外力較另一系列為大，故強度較平紋差、手感較柔軟。

3. 緞紋組織

　　此種組織較平紋、斜紋出現更大經浮長或緯浮長，在織物的一面幾乎全為同一系列的紗線所覆蓋，因此當受外力時幾乎全為某一系列的紗線所承擔，因此強度為三之組織中最差的組織，但手感卻是三元組織中最為柔軟者。

（三）組織和紗密度之關係

　　在製織三元組織織物時，若原料、纖度及織造條件相同時，會因為經緯交織結構的不同，使各織物之緊密度有所差異，換句話說，欲獲得相同之緊密度，必須配合不同之經緯密，如圖2-4-1所示，可知在同一距離中，緞紋所織入之經紗最多，斜紋次之，平紋最少。

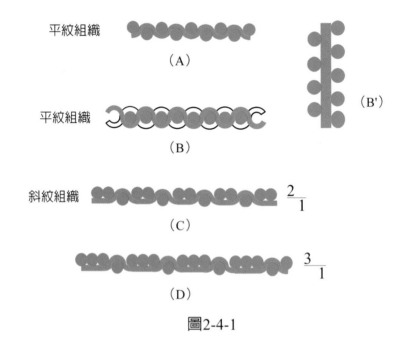

圖2-4-1

$$\frac{4}{1} \text{（5枚緞紋）}$$

（E）

$$\frac{2}{2}$$

（F）

緞紋組織　8枚緞紋（$\frac{7}{1}$斜紋）

（G）

圖2-4-1（續）

（四）組織和經緯紗撚向之關係

紗之撚向分為左右兩種，凡紡紗時經紡機之錠子，順時針方向迴轉所紡出之紗稱為右撚紗，如圖2-4-2（A）所示，逆時針方向迴轉所紡出之紗稱為左撚紗，如圖2-4-2（B）所示。

一般右撚亦稱Z撚，通稱順撚，而左撚亦稱S撚，通稱反撚。圖2-4-3、2-4-4、2-4-5為撚向與三元組織之關係的示意圖。

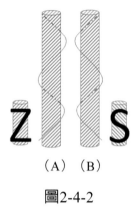

（A）（B）

圖2-4-2

1.經緯撚向與平紋組織之關係

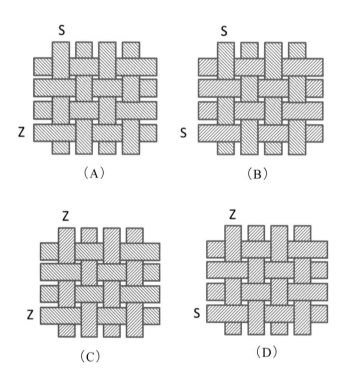

（A）　　　　　　（B）

（C）　　　　　　（D）

圖2-4-3

2. 經緯撚向與斜紋組織之關係

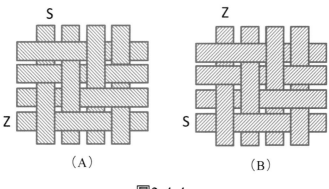

（A）　　　　　　　（B）

圖2-4-4

3. 經緯撚向與緞紋組織之關係

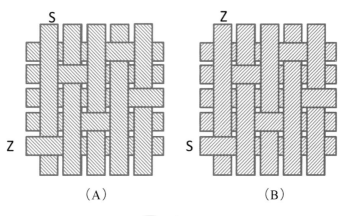

（A）　　　　　　　（B）

圖2-4-5

課後練習

1. 試述5頁（枚）斜紋的種類有哪幾種？並繪出其完全組織圖。

2. 試述6枚、7枚、8枚斜紋的種類有哪幾種？

3. 試繪出 $\frac{1\,1}{1\,2}$ （↗）之等價組織。

4. 試述平紋織物之應用。

5. 試繪 $\frac{2\,1\,1}{1\,1\,2}$ （↗）之組織圖與其反面組織，並且判斷是否為兩面組織。

6. 試分別說明7枚、10枚、13枚緞紋之飛數有幾種。

7. 試述為何沒有6枚緞紋組織？

8. 試繪12枚緯面及經面緞紋組織。

9. 試述斜紋組織和緞紋組織基本上之要求有何不同。

10. 試述單面斜紋、兩面斜紋之分別，並舉例說明之。

11. 試繪 $\frac{3\,1}{1\,2}$ （↗）， $\frac{1\,4}{1\,1}$ （↖）， $\frac{3\,1}{1\,3}$ （↗）之組織。

12. 試繪 $\frac{3\,1\,1}{1\,3\,1}$ （↗）， $\frac{1\,3\,2\,1}{2\,1\,1\,3}$ （↖）之組織。

13. 試述三元組織織物之特性。

14. 試述三元組織織物和紗撚向之關係。

chapter
03

上機圖

Chapter 3

上機圖

織物的上機圖為織物織造條件的圖解，用以指導上機者技藝，上機圖主要包括組織圖、穿綜圖、紋版圖等三個部分。

（一）上機圖的構成

上機圖的布置一般要符合在織機上的工作位置，如圖3-1-1所示，其組織圖（A）位於上方，穿綜圖（B）位於下方，而紋版圖（C）、（D）則位於組織圖之右側（左手織機），或位於組織圖之左側（右手織機）。

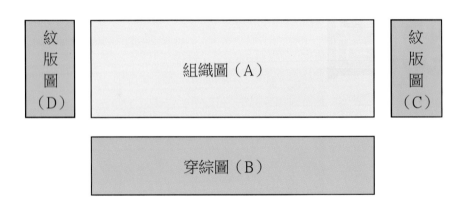

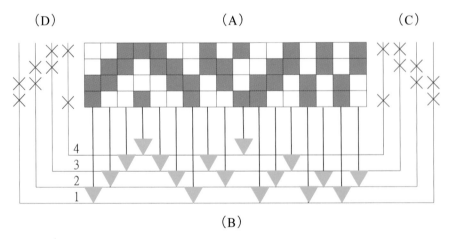

圖3-1-1

在穿綜圖（B）中，每一橫行代表一片綜片，綜片的次序在穿綜圖中由下往上排列，每一直線則表示其所對應之經紗，必須穿在與該直線相交橫線所代表的綜片（1、2、3、4）內。

紋版圖（C、D）每一縱行代表一片綜片（綜片次序由內往外排列），每一橫向表示每投一根緯紗形成梭口時，綜片上升或下降的次序，若在該橫向有做記號（X），即表示該對應的綜片必須往上提。

（二）穿綜圖

一般組織不同之經紗應分別穿於不同之綜片內，使其分別提綜以便做成梭口造成經紗的起浮，一完全組織內組織點不同之經紗的根數應與使用的綜片數相等，穿綜的方法甚多，不論採用何種方法，應以穿綜之次序方便好記為原則，茲分述如下：

1. 順穿法：這種穿綜法是將經紗依次連續地穿入所有的綜片內，然後再重複以上之穿綜順序，如圖3-2-1（A）、（B）所示，順穿法的優點是穿綜方便，任何組織均可採用，缺點是當經紗循環數過大時，綜片數也隨之增加，因而造成上機的困難，另外當經密過大而綜片又過少時，則開口時會造成經紗與經紗之間的摩擦，故順穿法較適合用於經密與組織循環都不大的織物。

2. 飛穿法：經紗順穿若干片後，依次跳去一片或數片再穿者，如圖3-2-2所示，這種穿法多數應用在經密很大而經紗循環數較小的織物。

3. 山形穿法：經紗之穿入點成為山形狀，即經紗按順穿次序從第一片綜片穿到最後一片綜片，然後再按相反的順序穿，如圖3-2-3（A）、（B）所示，這種穿法適用於織造對稱花紋組織的織物。

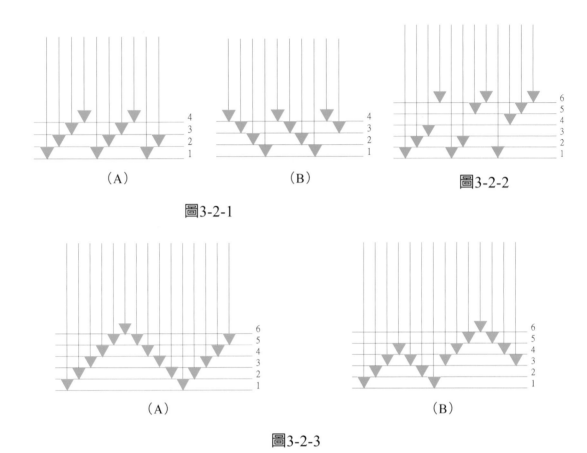

（A）　　　　　　　　　　（B）

圖3-2-1

圖3-2-2

（A）　　　　　　　　　　　　（B）

圖3-2-3

4. 分區穿法：將綜片分成若干區，各區中所包括之綜片數可相同，也可以不同，如圖3-2-4所示，當織物中包括有若干各不相同的組織時，可採用此種方法。

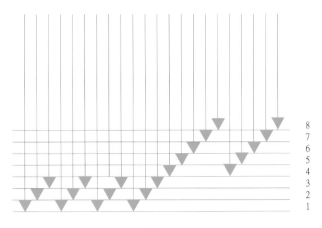

圖3-2-4

5. 照圖穿法：其穿綜法是將升、降運動情況相同的經紗，均穿入同一片
綜片中，而將升、降運動情況不同的經紗穿入不同的綜片中，如圖
3-2-5所示，一般俗稱為「花穿」，當織物組織經紗的循環較大，而
綜片數較少時採用。

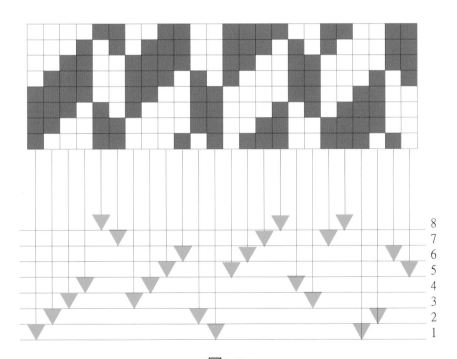

圖3-2-5

由以上可知組織之穿綜法繁多，但應注意下列事項：

（1）穿綜時應以方便好記為原則。

（2）每片綜片所穿入之經紗根數，應盡量以平均根數為原則。

（3）單位根數內之交錯數較多者，以盡量穿在較前面的綜片為宜。

（4）附有邊紗時，必須穿在最前面的綜片。

（三）紋版圖

1. 紋版圖

用以表明織入某根緯紗時，每片綜框上升或下沉的圖形，即為紋版圖，一般紋版圖繪於組織圖與穿綜圖之左側或右側（左龍頭時繪於穿綜圖之左側，右龍頭時繪於右側）。如圖3-3-1所示，（A）圖為組織圖、（B）圖為穿綜圖、（C）圖為紋版圖（左龍頭）。

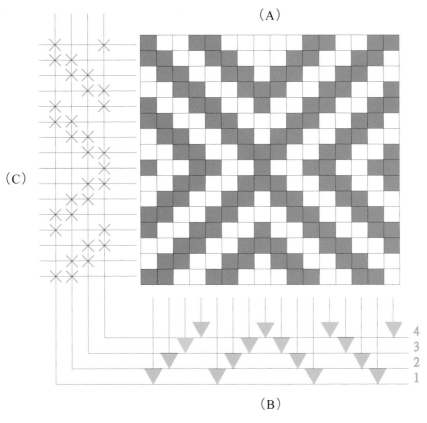

(A)

(C)

(B)

4
3
2
1

圖3-3-1

2. 紋版的編製

在刀臂織機上綜框的升降由紋版上的紋釘所控制，如圖3-3-2所示，而紋版上之紋釘是根據紋版圖所植入的，紋版有2排小孔，每排孔有16個孔眼（16片綜片用），每個小孔代表一片綜片，因刀臂機為複式的，故每投二根緯紗轉動一塊紋版，每排孔眼中的紋釘通過機械的傳動，來控制綜框的升降運動，如圖3-3-3所示，為$\frac{3}{1}$（↗）組織，及其紋版直釘法。

圖3-3-2

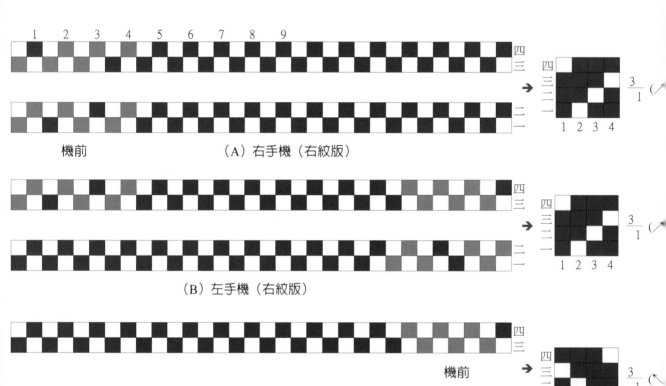

機前 （A）右手機（右紋版）

（B）左手機（右紋版）

機前 （C）左手機（左紋版）

圖3-3-3

左右手刀臂機龍頭安裝位置不同，紋版花筒回轉的方向也不同，因此在釘植紋版時，要特別注意左右手的區別，用錯紋版，對對稱性的花紋影響不大，但對具有方向性的花紋會導致方向相反，如圖3-3-3（A）、（B）、（C）所示，當紋版用錯時，會造成斜紋方向相反，故不得不加於注意。

（四）穿筘法

每筘齒穿入的根數應依織物經緯紗原料、粗細、密度及織物組織等因素加以考慮，以不影響生產和織物的外觀為原則，一般每筘齒間大多以穿入兩根或三～四根經紗（一根或五至八根者亦有，但較少）為原則，為了使布邊堅固，及便以織造和整理，邊紗穿入經紗根數一般比布身穿入根數為多。

（五）綜絲的計算

當採用順穿法時，每片綜上的綜絲數是相同的，例如總經紗數為2400條，當採用8片綜順穿時，則每片綜片可以有300根之綜絲，但對其他穿綜方法而言，每片綜片上應有的綜絲數是完全不一樣的，其計算方法如下：

1. 含布邊之計算法

（1）總經紗數除以一個完全組織之經紗數，求出一幅寬中共有多少個組織循環數。

（2）用（1）所算出的循環數與一個完全組織中穿入每片綜之經紗根數相乘，即可得知每片綜片所應有之綜絲數。

（3）若得出之組織循環數有小數點時，則小數點的部分乘以一完全組織之完全經紗數，所得結果，再按照穿綜綜片的先後次序排列，而後

再加入（2）所得到之值，則可得每片綜片所應得之綜絲數。

例如圖3-3-4為其組織圖與穿綜圖，設總經紗數為4740條。

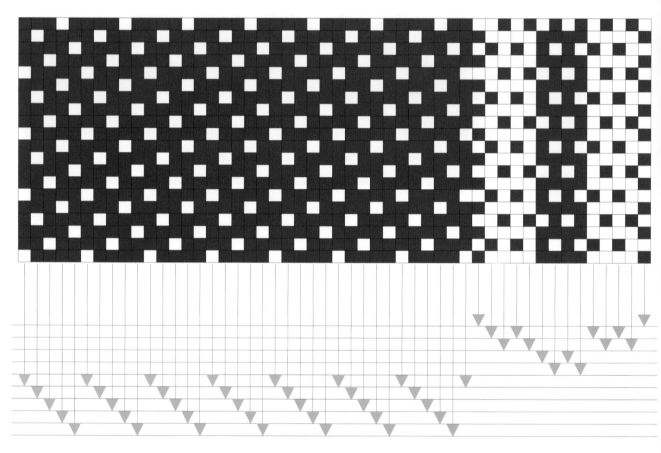

圖3-3-4

由組織圖可算出，一完全組織的經紗數為50條，則其一個循環的綜片

分配次序如下：

綜片數	1	2	3	4	5	6	7	8	9	10	合計
根數	7	7	7	7	8	2	2	4	4	2	50

計算方式如下：①4740÷50＝94個循環組織，餘40根

②餘額40根的分配如下（按穿綜之次序先後分配）

綜片數	1	2	3	4	5	6	7	8	9	10	合計
根數	7	7	7	7	8	0	0	1	2	1	40

③每片綜片應有之綜絲數如下：

綜片數	總絲數
1	$(7 \times 94) + 7 = 665$
2	$(7 \times 94) + 7 = 665$
3	$(7 \times 94) + 7 = 665$
4	$(7 \times 94) + 7 = 665$
5	$(8 \times 94) + 8 = 760$
6	$(2 \times 94) + 0 = 188$
7	$(2 \times 94) + 0 = 188$
8	$(4 \times 94) + 1 = 377$
9	$(4 \times 94) + 2 = 378$
10	$(2 \times 94) + 1 = 189$
合計	4740

2. 不含布邊之計算法

　　先將布邊所預定要穿的經紗數扣除，即以布身之總經紗數為基礎，計算出每片綜片所應得之綜絲數，然後再加上布邊之經紗數所需穿之綜絲數即可。

課後練習

問答題

1. 試述穿綜方式有幾種，如何選擇穿綜方式?

2. 試述上機圖由哪幾個部分組成?各組成所代表的含義為何?

3. 試繪製 $\dfrac{3\ 1\ 2}{2\ 1\ 1}$（↗）之上機圖，並編製左右手紋版。

4. 試將下列的組織圖，加以穿綜，並繪製紋版圖。

    （a）圖5-8-5   （b）圖5-9-6   （c）圖5-4-4   （d）圖5-4-6

    （e）圖5-4-2   （f）圖5-7-12

5. 試將下列穿綜圖與紋版圖，繪出其組織圖。

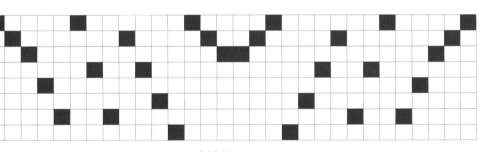

穿綜圖   紋版圖

（A）

圖3-3-5

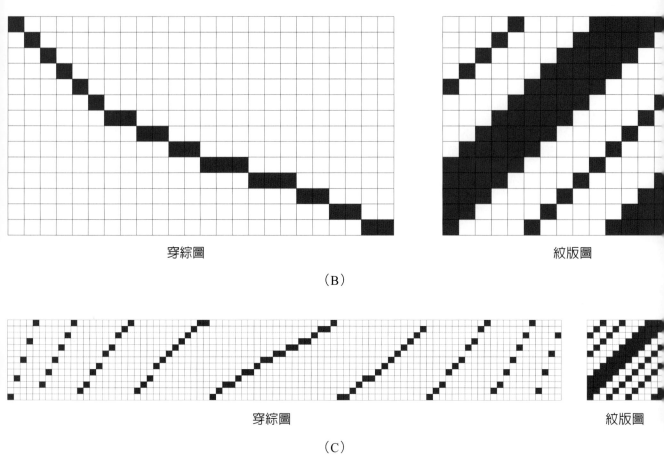

穿綜圖

紋版圖

（B）

穿綜圖

紋版圖

（C）

圖3-3-5（續）

6. 已知總經紗數為6000根，經紗之穿綜法如第（5）題（A）所示，試計算
每片綜片之綜絲數（含布邊）。

組織與
色紗

組織與色紗

　　織物的外觀除了利用組織變化外，亦可利用不同顏色之紗線排列與組合配合，而使布面呈現不同風格與色彩之花紋，將組織與紗線的顏色結合起來，使布面產生不同顏色構成之圖案稱為配色花紋圖。

　　配色花紋在意匠紙上表示之方法如圖4-1-1所示：

（Ⅰ）區：地組織（即基本組織），其完全經緯紗為$N_1 \times N_2$。

（Ⅱ）區：經紗之配列次序（其先後次序為由左至右），其一循環之根數為P_1根。

（Ⅲ）區：緯紗之配列次序（其先後次序為由下往上），其一循環之根數為P_2根。

（Ⅳ）區：織物外觀之花紋（即配色結果圖）。

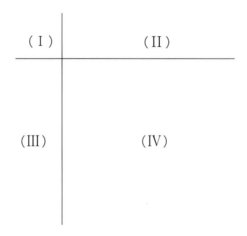

圖4-1-1

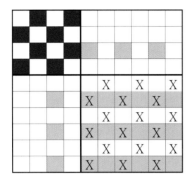

圖4-1-2

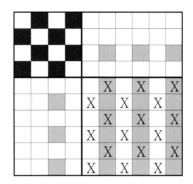

圖4-1-3

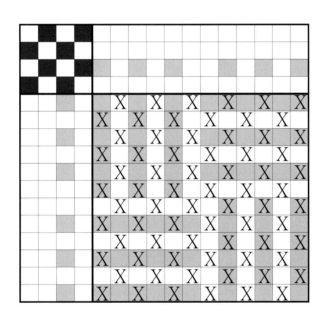

圖4-1-4

（一）配色花紋的繪圖方法

1. 配色花紋上的顏色，乃依據該組織的經緯浮點來決定，當該組織點為經浮點時，則為該對應經紗之顏色，若組織點為緯浮點時，則為該對應緯紗之顏色。

2. 配色花紋完全經緯紗之計算（$R_1 \times R_2$）

   （1）R_1為N_1及P_1之最小公倍數。

   （2）R_2為N_2及P_2之最小公倍數。

3. 將規劃之R_1及R_2分別劃出，然後填繪組織圖，填繪時要特別注意組織之起始有無和基本組織之起始點一樣，否則配色花紋之圖案將產生變化。

4. 在組織圖之經紗方向和緯紗方向分別註明經或緯紗之顏色（II 與 IV 區）。

5. 依序在每一根經紗之經浮點上塗上該根經紗之對應顏色，而後在每一根緯紗之緯浮點上塗上該根組織之對應顏色。

（二）配色花紋範例

圖號	基本組織	經紗配列	緯紗配色
4-1-2	平紋	黑：白＝1：1	黑：白＝1：1
4-1-3	平紋	黑：白＝1：1	白：黑＝1：1
4-1-4	平紋	（黑：白＝1：1）×3次 （白：黑＝1：1）×3次	同經紗
4-1-5	$\frac{2}{2}$（↗）	黑：白＝1：1	黑：白＝1：1
4-1-6	$\frac{2}{2}$（↗）	（黑：白＝2：2）×4次 （白：黑＝2：2）×4次	同經紗

（續接下表）

圖號	基本組織	經紗配列	緯紗配色
4-1-7	$\frac{2}{2}$（↗）	白：黑：白：黑＝3：6：3	同經紗
4-1-8	變化斜紋	黑：白：黑＝2：2：2	同經紗
4-1-9	$\frac{4}{4}$（↗）	白：黑＝4：4	同經紗
4-1-10	變化斜紋	黑：白＝8：8	同經紗
4-1-11	變化斜紋	白：黑＝8：8	黑：白＝8：8
4-1-12	$\frac{3}{3}$（↗）	白：黑：白＝1：3：2	白：黑：白＝1：2：3
4-1-13	$\frac{3}{3}$（↗）	白：黑＝2：2	白：黑：白＝1：2：1
4-1-14	平紋	白：黑：白＝1：2：1	同經紗
4-1-15	$\frac{1}{3}$（↗）	白：黑：白＝1：2：1	同經紗
4-1-16	$\frac{2}{2}$方平	白：黑：白＝1：2：1	同經紗
4-1-17	$\frac{2}{2}$（↗）	白：黑＝4：4	同經紗
4-1-18	$\frac{2}{2}$（↗）	白：黑＝2：2	同經紗
4-1-19	$\frac{2}{2}$（↗）	白：黑：白＝1：1：2	白：黑＝2：2
4-1-20	$\frac{2}{2}$（↗）	白：黑＝3：1	黑：白＝3：1
4-1-21	$\frac{2}{2}$（↗）	白：黑＝3：1	黑：白：黑＝1：1：2
4-1-22	$\frac{3}{1}$（↗）	白：黑＝2：2	同經紗
4-1-23	$\frac{2}{1}$（↗）	白：黑＝1：2	同經紗
4-1-24	5枚2飛經緞	白：黑：白：黑＝2：1：1：1	白：黑＝3：2
4-1-25	方平	白：黑＝2：2	黑：白＝2：2

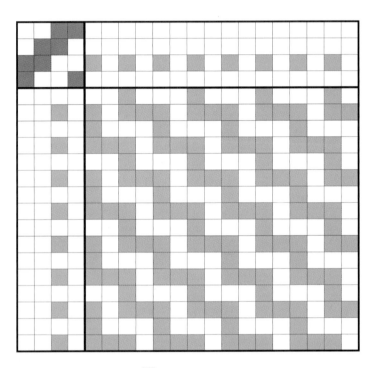

圖4-1-5

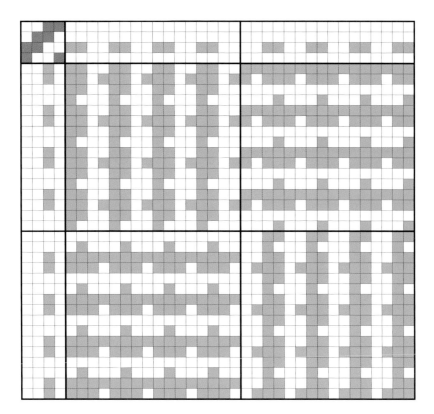

圖4-1-6

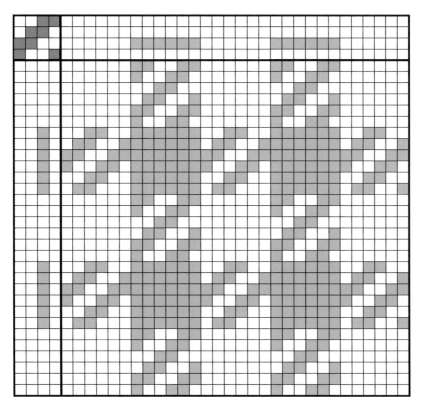

圖4-1-7

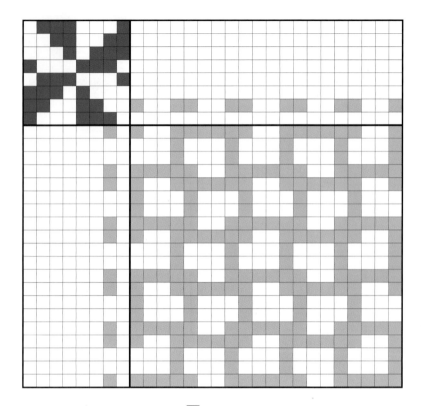

圖4-1-8

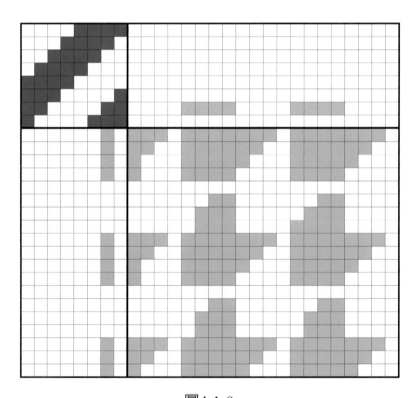

圖4-1-9

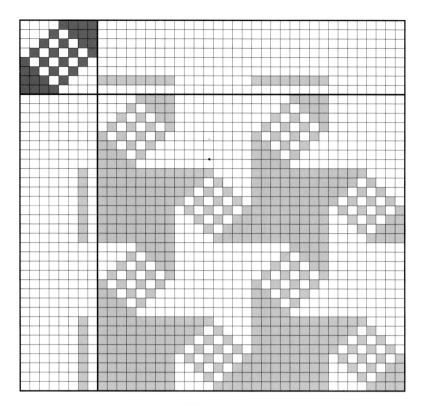

圖4-1-10

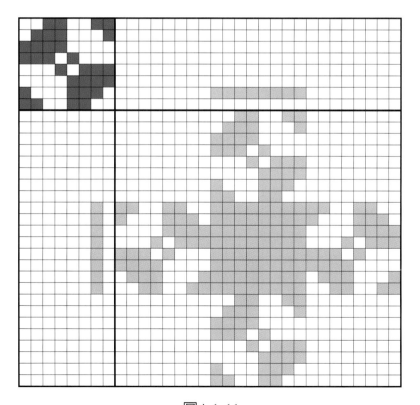

圖4-1-11

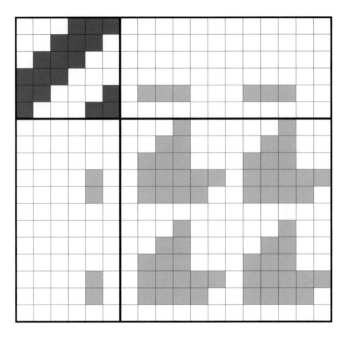

圖4-1-12

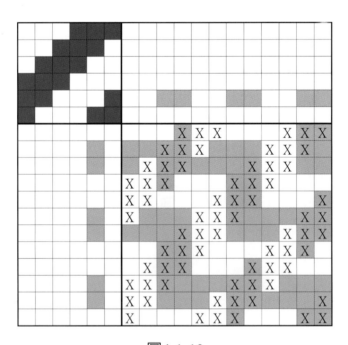

圖4-1-13

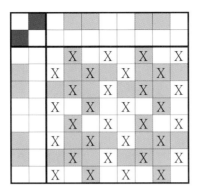

圖4-1-14

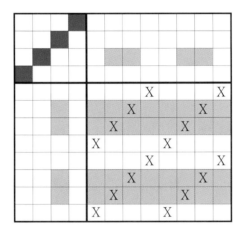

圖4-1-15

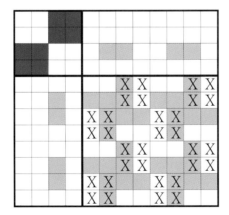

圖4-1-16

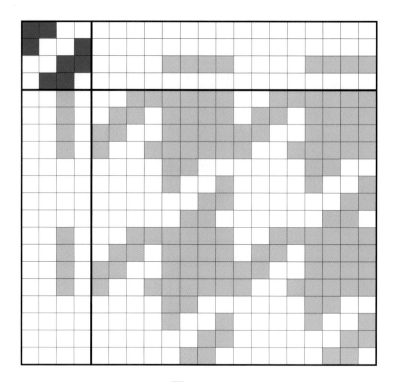

圖4-1-17

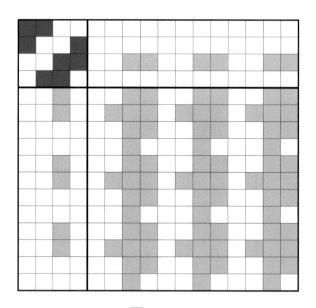

圖4-1-18

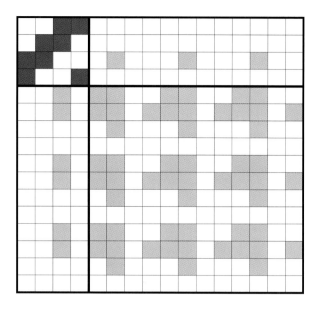

圖4-1-19

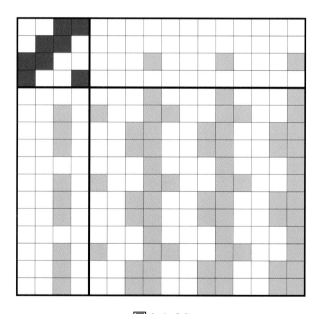

圖4-1-20

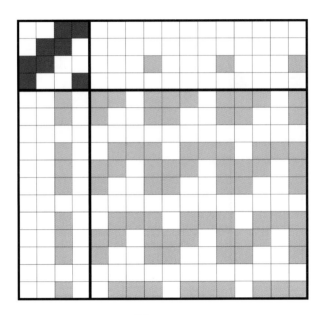

圖4-1-21

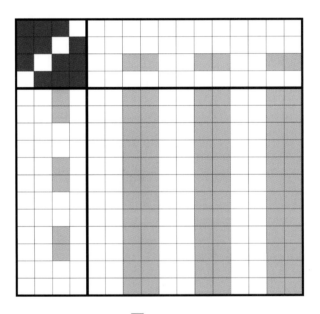

圖4-1-22

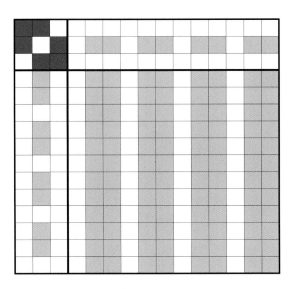

圖4-1-23

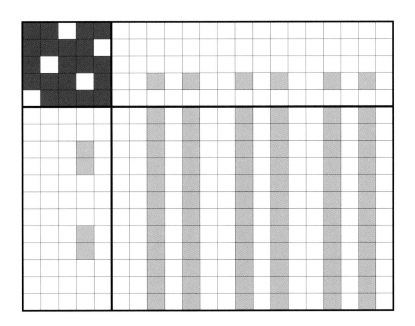

圖4-1-24

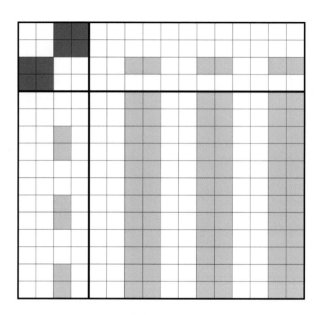

圖4-1-25

（三）不同組織與經緯色紗排列之運用

1. 如圖4-1-12及4-1-13所示，為運用相同組織，但經緯色紗排列不同所得到的兩種不同之花紋。

2. 如圖4-1-14、4-1-15、4-1-16所示，為運用不同之組織，相同之色紗排列所得到的相同之花紋。

3. 如圖4-1-17、4-1-18、4-1-19、4-1-20、4-1-21為同一組織，不同之配色所造成不同之配色花紋。

4. 如圖4-1-22、4-1-23、4-1-24、4-1-25為使用不同之組織，不同之配色，但得到近似的配色花紋。

（四）配色花紋之設計

由以上之例子，可以看出配色花紋圖的繪製是根據經緯紗的色紗排列和織物組織來確定的，但實際工作中，一般是先構思設計出花紋圖案造型，而後再確定色經、色緯的排列和配製合適的織物組織。

同一組織通過不同色紗排列可以得到各式各樣的花紋，而同一種花紋亦可以由各種組織構成，故設計時應考慮結合生產條件、織物風格，外觀效應等因素，通過不同組織與色紗的排列而形成各種花紋。

課後練習

問答題

1. 下列（A）～（R）圖為基本組織及色紗之配列，試繪出其配色花紋圖。

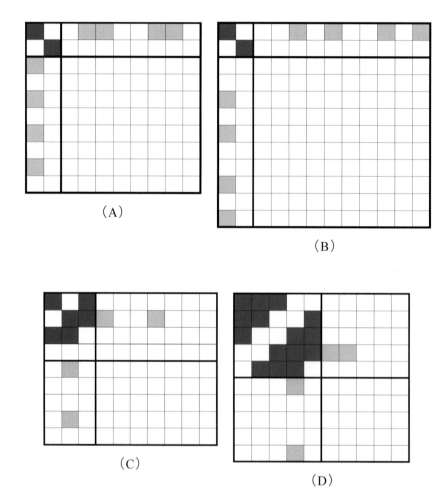

（A）

（B）

（C）

（D）

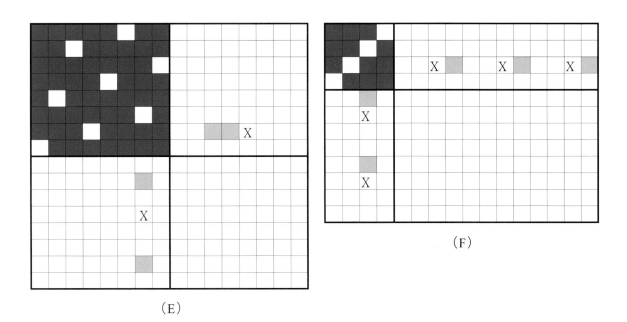

（E）

（F）

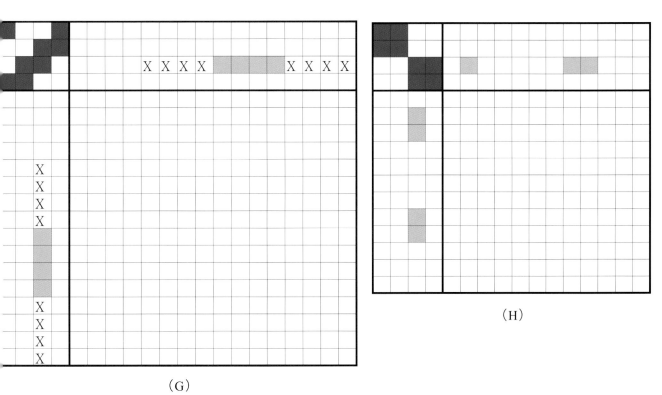

（G）

（H）

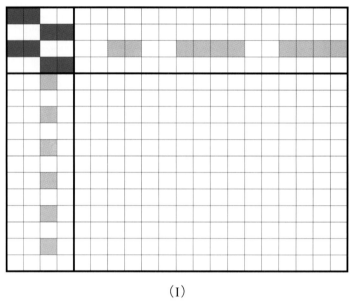

（I）

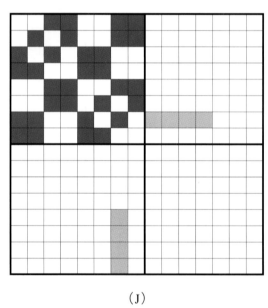

（J）

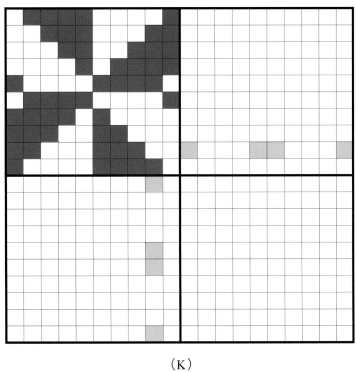

（K）

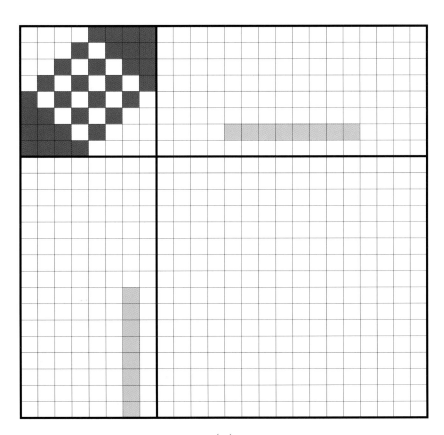

（L）

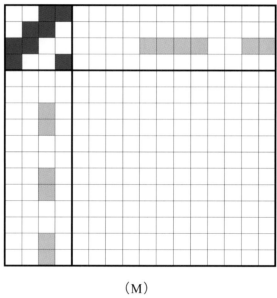

（M）

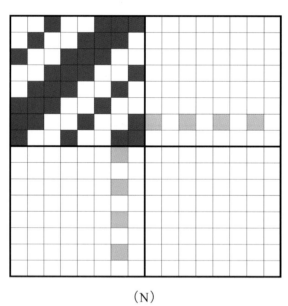

（N）

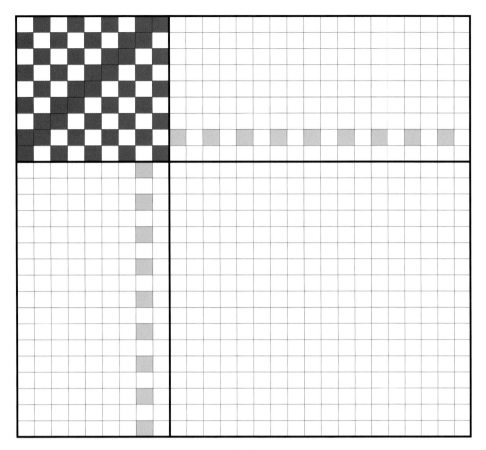

（O）

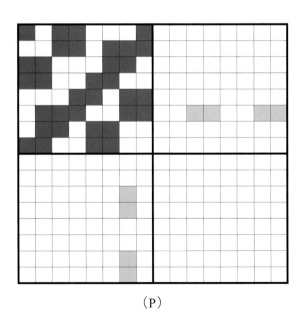

（P）

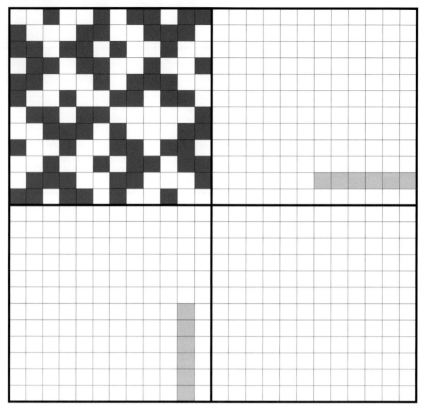

(Q)

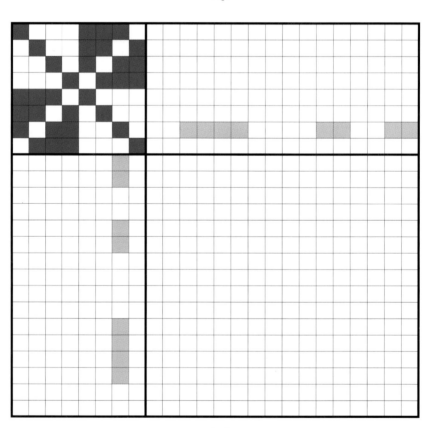

(R)

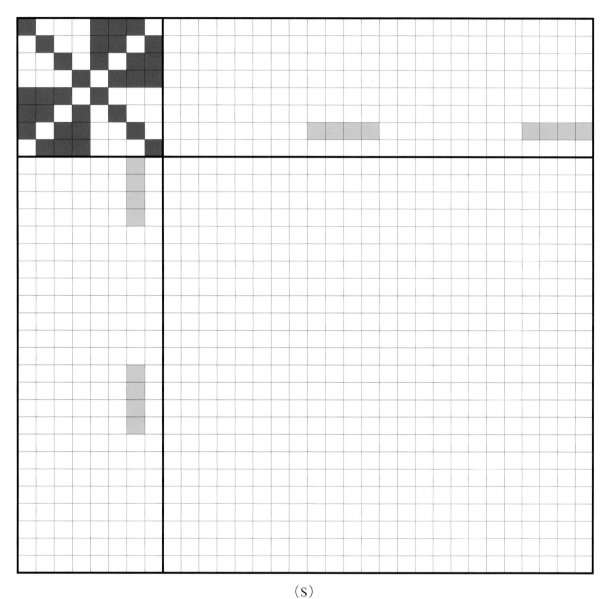

(S)

Chapter 4　組織與色紗 ｜ 081

NOTE

變化組織

Chapter 5 變化組織

　　變化組織是以三元組織為基礎，變更原組織的浮長、飛數等因素中之一個或數個，來產生各種組織變化而仍保留原組織的一些特性，但經過變化後，已形成一種新的組織，而有小花紋效果出現，不再像三元組織那麼簡單，運用此種方法，再加以原料及後處理之配合，可以得到更新穎的織物。

5-1 變化組織之方法

變化組織是由三元組織誘導而成之組織，一般可分為：

（一）變化平紋：從平紋組織誘導而成之組織。
（二）變化斜紋：從斜紋組織誘導而成之組織。
（三）變化緞紋：從緞紋組織誘導而成之組織。
（四）特別組織：（一）、（二）、（三）種以外之組織。

　　變化組織所採用之方法依次為：

1.擴大法：組織往橫向（如圖5-1-1（A））或縱向擴大的方法（如圖5-1-1（B）），或往縱、橫兩方向同時擴大的方法（如圖5-1-1（C））。

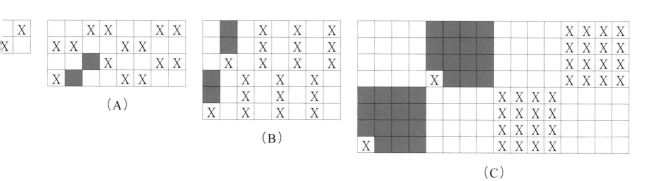

圖5-1-1

2.變更法：改變經紗的配列順序（如圖5-1-2），或改變緯紗的配列順
序（如圖5-1-3、圖5-1-4），改變經緯兩方向配列之次序法（如圖5-1-5、5-1-6）。

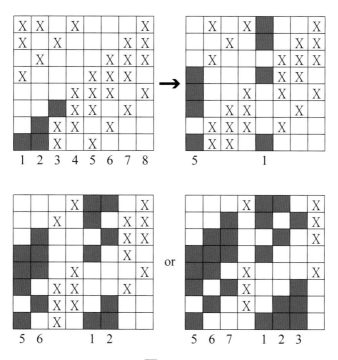

圖5-1-2

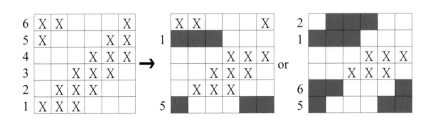

圖5-1-3

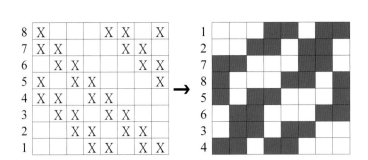

圖5-1-4

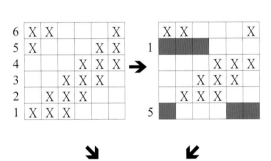

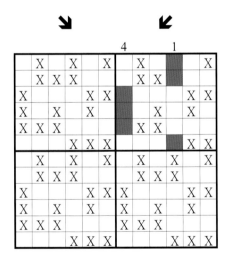

圖5-1-5

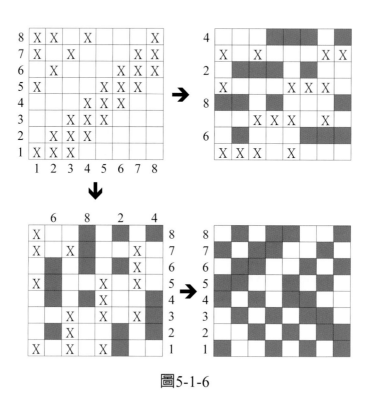

圖5-1-6

3.配置法：在組織點的周圍加組織法，如圖5-1-7（A）～（F）所示

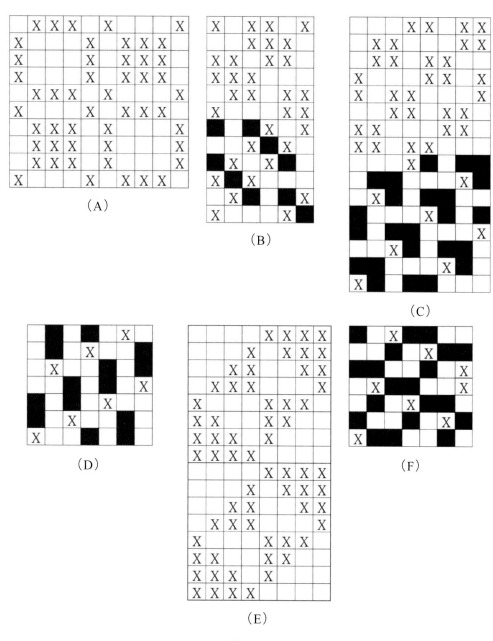

（A）

（B）

（C）

（D）

（E）

（F）

圖5-1-7

4. 其他法：如添加法（圖5-1-8）、削去法（圖5-1-9、5-1-10）、增點法
   及消點法（圖5-1-11～5-1-14）、組合法（圖5-1-15、5-1-16）、重合
   法（圖5-1-17、5-1-18）、混合法（圖5-1-19）等。

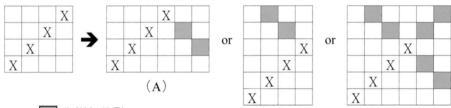

PS: ▨ 為增加的點

圖5-1-8

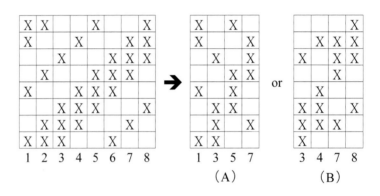

圖5-1-9

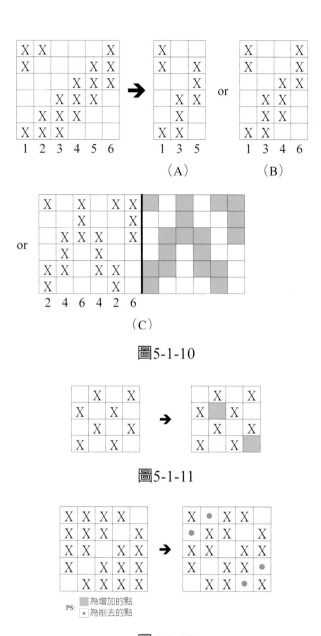

圖5-1-10

圖5-1-11

PS: ▨ 為增加的點
　　● 為削去的點

圖5-1-12

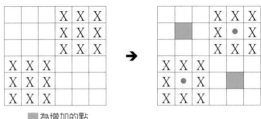

PS: ■ 為增加的點
　　⊙ 為削去的點

圖5-1-13

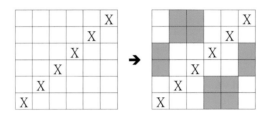

圖5-1-14

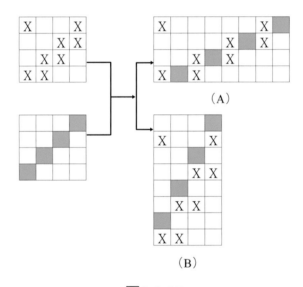

（A）

（B）

圖5-1-15

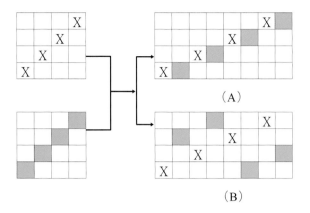

（A）

（B）

圖5-1-16

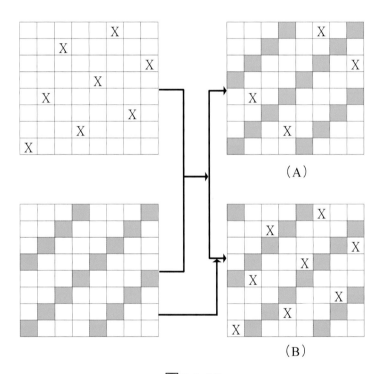

（A）

（B）

圖5-1-17

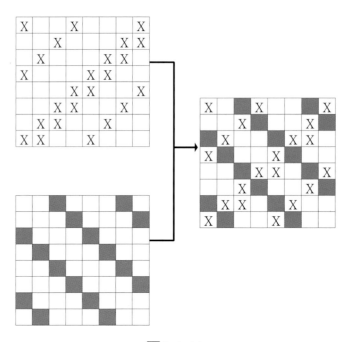

圖5-1-18

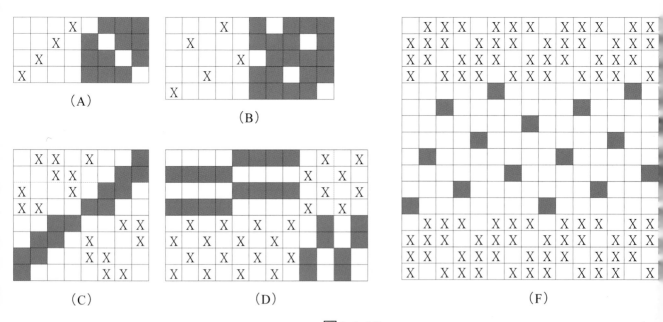

（A）

（B）

（C）

（D）

（F）

圖5-1-19

5-2 變化平紋

以平紋組織為基礎，在其組織點周圍增減組織點之數目，或移動組織點之位置，或者兩者同時變化所得之組織，稱之變化平紋，此類組織共有六種，分述如下。

（一）經重平組織（warp rib weave）

經重平組織是以平紋組織為基礎，在其組織上沿著經向延長組織點而得（利用擴大法）如圖5-2-1（A）圖所示，「■」為平紋之原組織點，「X」為增加之組織點，5-2-1（B）圖為其擴大8倍的圖，其繪製之原則如下：

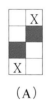

（A）

（B）

圖5-2-1

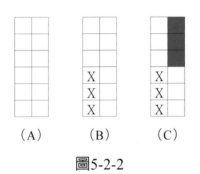

（A）　　（B）　　（C）

圖5-2-2

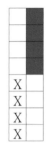

圖5-2-3

1. 若為 $\dfrac{g}{h}$ 經重平（當 g ＝ h）。

2. 完全經緯紗數$(R_1 \times R_2) = 2 \times (g + h)$

3. 繪法：

　（1）劃一完全經緯紗數的範圍。

　（2）將第一根經紗依 $\dfrac{g}{h}$（g上h下）填繪

　（3）第二根經紗和第一根經紗黑白相反地填繪（即有經浮點處改為
　　　　緯浮點，緯浮點處改經浮點）

例1：$\dfrac{3}{3}$ 經重平（如圖5-2-2）

　（1）$R_1 \times R_2 = 2 \times 6$

　（2）第一根經紗填繪3上3下

　（3）第二根經紗和第一根經紗黑白相反對

例2：$\dfrac{4}{4}$ 經重平，$R_1 \times R_2 = 2 \times 8$（如圖5-2-3）

此種組織一般使用高經密且較細之經紗及較粗之緯紗所組成，而且在同一開口中織入數條之緯紗，故布面呈現橫向之凸起，故又稱橫凸紋組織。

在織造經重平組織時，因同一開口連續織入數條緯紗，若沒有特別布邊裝置，是無法織造的，此組織的上機條件與平紋組織相同，可採用兩片綜片，唯此種組織大多經密較高，故多採用四片或六片綜片織造。

再者，布邊之選擇適當與否，非但影響織物之外觀，且對織造時之效率及品質影響甚巨。因此，布邊之組織及其穿筘法的注意事項如下：

a. 布邊之組織

一般布邊組織之選擇應依地組織之不同而異，如織平紋織物時當然可採用平紋布邊，如織造斜紋或緞紋織物時，當選擇 $\frac{2}{2}$、$\frac{3}{3}$ 或 $\frac{3}{1}$ 等經重平或方平組織，總之布邊組織與地組織在同一單位內，經紗對緯紗之交錯點數應盡量一致，以避免在織造過程中造成布身及布邊之張力不一，而無法織造，下列組織可作為布邊之參考（圖5-2-4（A）～（J））。

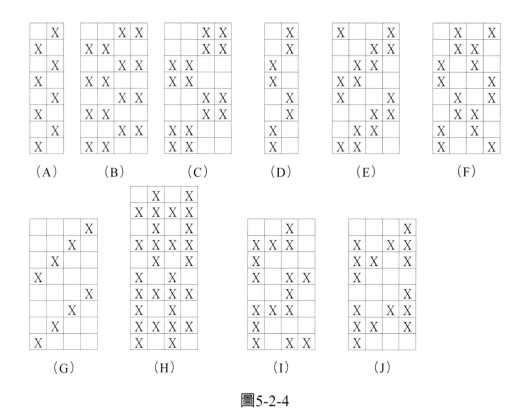

圖5-2-4

b. 布邊之穿綜及穿筘法

穿筘時每筘經紗數，一般布邊的經紗數為布身之1.5倍（褲料）或2倍（衣料）左右，以增加布邊之強力及耐穿性，亦即布邊經紗之穿筘根數為布身穿筘數之1.5倍至2倍左右，有時為了增加布邊之強力，亦有2根穿一個綜絲眼的情況發生。

c. 布邊之寬度

一般布邊之寬度若無特殊的情況下，每邊以1/4"～1/2"為準。

（二）緯重平組織（Weft Rib Weave）

緯重平組織同樣是以平紋組織為基礎，在平紋組織上，沿著緯方向延長組織點而得（利用擴大法），如圖5-2-5（A）所示，「█」為平紋原組織點，「X」為增加之組織點，圖5-2-5（B）為其擴大8倍圖，其繪圖之原則如下：

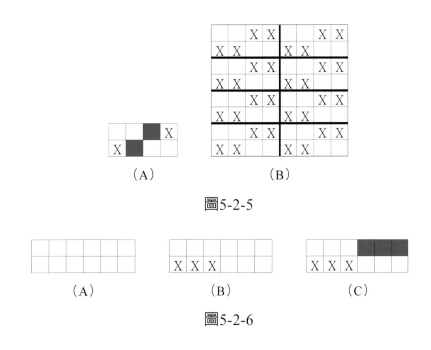

（A）　　　　　　　　　（B）

圖5-2-5

（A）　　　　　（B）　　　　　（C）

圖5-2-6

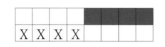

圖5-2-7

1. 若為 $\dfrac{g}{h}$ 緯重平（當g＝h）

2. 完全經緯紗數$(R_1 \times R_2) = (g + h) \times 2$

3. 繪法：

   （1）劃一完全經緯紗數的範圍。

   （2）沿緯紗方向依$\dfrac{g}{h}$（g上h下）填繪在第一根緯紗上。

   （3）第二根緯紗和第一根緯紗黑白相反地填繪。

   例3：繪$\dfrac{3}{3}$緯重平組織（如圖5-2-6）

   （1）$R_1 \times R_2 = 6 \times 2$

   （2）第一根緯紗先繪3上3下

   （3）第二根緯紗和第一根緯紗黑白相反

   例4：繪$\dfrac{4}{4}$緯重平（$R_1 \times R_2 = 8 \times 2$，如圖5-2-7）

此組織之織物表面呈現縱凸之現象，故又稱為縱凸紋組織，為了使凸紋更顯著，在織造時，常將一個凸紋內之經紗穿入同一筘齒中，也可選用較粗之經紗來增加其凸紋效果，但因為該組織之用紗為經粗緯細，致使產量大減，故一般很少單獨使用此組織，反而較常與其他組織混合使用。

（三）變化重平組織（fancy rib weave）

依經重平或緯重平組織所增加組織點長短之不同，以及組織點之連續與否等變化而成之組織稱為變化重平組織，此時$g \neq h$，其組織之繪法如下：

1. 變化經重平（$\frac{g\ \ i\ \ k}{h\ \ j\ \ l}$）

（1）完全經緯紗數$(R_1 \times R_2) = 2 \times (g + h + i + j + k + l)$。

（2）沿第一根經紗依g上h下i上j下k上l下之次序填繪在其上。

（3）第二根經紗和第一根經紗黑白相反對。

如圖5-2-8（A）、（B）分別為$\frac{2}{1}$變化經重平，$\frac{3\ 1\ 2}{2\ 3\ 1}$變化緯重平之組織。

	X		X
X		X	
X		X	
	X		X
X		X	
X		X	

（A）

			X	X		X	X	X			X
X	X	X			X				X	X	

（B）

圖5-2-8

（四）混合重平組織（mix rib weave）

將經、緯重平紋組織及變化經緯重平組織予以適當的混合而成之組織，混合之方式並無定則，但在經緯重平交界處最好黑白相反對為宜，如圖5-2-9（A）～（H）所示：

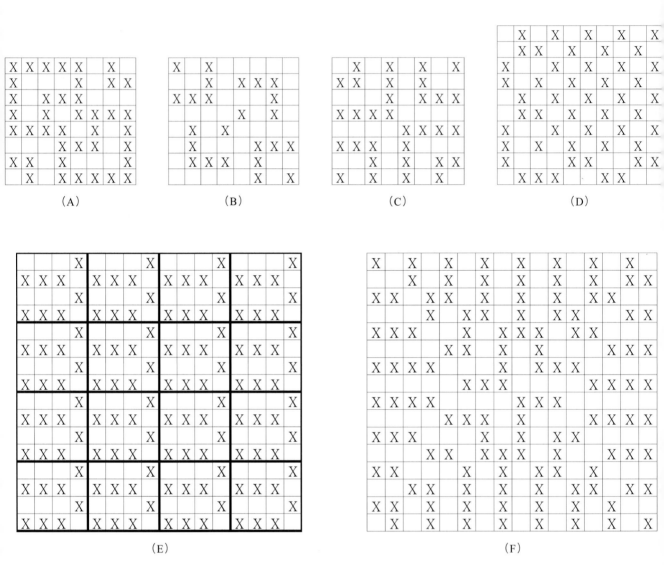

図5-2-9

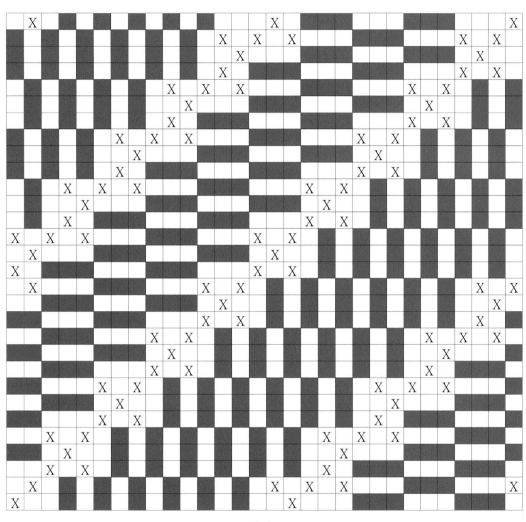

（G）

圖5-2-9（續）

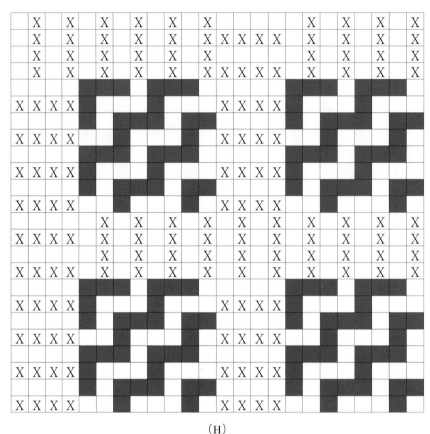

（H）

圖5-2-9（續）

（五）方平組織（mat weave）

方平組織乃是2根以上的經緯紗同時浮沉而成之組織，因為花紋呈現方塊狀，故又稱為方塊組織，織物表面平坦且富光澤頗為美觀，故應用甚廣，但為了確保織物之堅牢度，經緯浮長不宜過長，其組織之繪法如下：

1. $\dfrac{g}{h}$ 方平組織（g = h）。

2. 完全經緯紗數$(R_1 \times R_2) = (g + h) \times (g + h)$。

3. 劃出一完全經緯紗數，其經向按g.h分成二組，緯向亦按g.h分成二組。

4. 按經向填繪g上h下（同一組之經紗組織相同）。

5. 相鄰之組別和前一組成黑白相反對。

例5：繪$\dfrac{2}{2}$方平組織$R_1 \times R_2 = 4 \times 4$（如圖5-2-10）

圖5-2-11（A）、（B）為$\dfrac{3}{3}$方平組織及$\dfrac{4}{4}$方平組織。

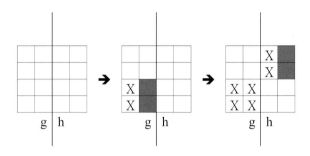

圖5-2-10

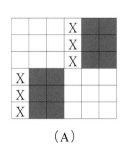

（A）

（B）

圖5-2-11

（六）變化方平組織（fancy mat weave）

變化方平組織為在織物表面上呈現不規則方塊之總稱，其組織之繪法如下：

1. $(\dfrac{g\ i\ k}{h\ j\ l})$ 方平組織。

2. 完全經緯紗數$(R_1 \times R_2) = (g+h+i+j+k+l) \times (g+h+i+j+k+l)$。

3. 畫出一完全經緯紗數，其經向及緯向再按g、h、i、j、k、l等數字分為數組。

4. 按g上h下i上j下k上l下填繪在第一組經紗上（同組經紗之起浮相同）。

5. 相鄰組別之經緯起浮和前組成黑白相反對之關係。

例6：繪$\dfrac{2\ 1}{1\ 2}$變化方平組織（$R_1 \times R_2 = 6 \times 6$，如圖5-2-12）

圖5-2-13（A）～（J）分別為$\dfrac{2}{1}$，$\dfrac{3}{1}$，$\dfrac{4}{2}$

$\dfrac{2\ 1}{1\ 2}$，$\dfrac{3\ 1}{3\ 1}$，$\dfrac{1\ 1\ 2}{2\ 1\ 1}$，$\dfrac{4\ 3\ 2\ 1}{4\ 3\ 2\ 1}$，$\dfrac{2\ 3\ 1}{1\ 2\ 3}$，$\dfrac{2\ 2\ 1}{1\ 2\ 2}$，$\dfrac{1\ 3\ 1}{1\ 1\ 3}$

之變化方平組織。

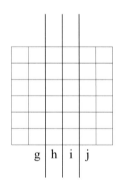
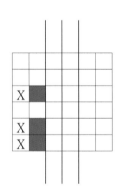
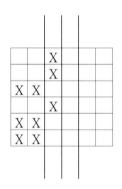

圖5-2-12

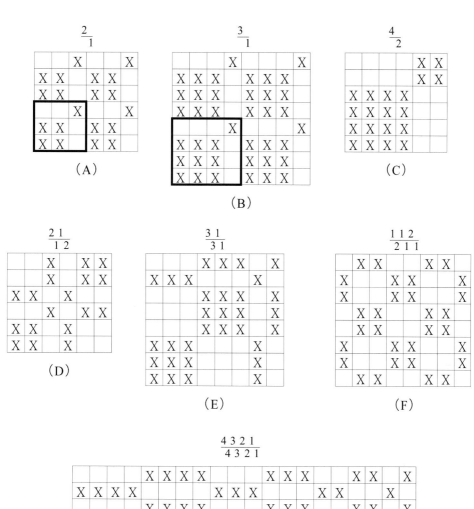

圖5-2-13

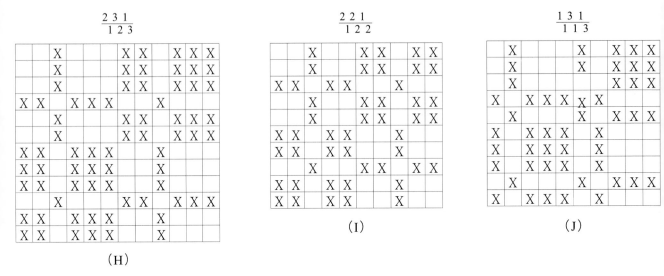

$$\frac{2\ 3\ 1}{1\ 2\ 3}$$　　　　$$\frac{2\ 2\ 1}{1\ 2\ 2}$$　　　　$$\frac{1\ 3\ 1}{1\ 1\ 3}$$

（H）　　　　（I）　　　　（J）

圖5-2-13（續）

5-3　變則斜紋

正則斜紋組織其經緯向之飛數均為1，故於8×8之意匠紙上填繪組織時，其斜紋線均為45度角，凡於8×8之意匠紙上填繪組織圖，其所呈現之斜紋線角度大於45度角者，則稱為急斜紋（$S_1 \geq 2$），若呈現之斜紋線角度小於45度角，則稱為緩斜紋（$S_2 \geq 2$），其中S_1表經向飛，S_2表緯向飛。

（一）急斜紋（eleagated）

斜紋線角度大於45°之斜紋稱為急斜紋，一般急斜紋之角度有63°（63.5°）、70°（71.5°）、75°（76°）、80°（79°）、82°（80.5°），括號外之角度為號稱之角度，括號內之角度為實際上之角度，表（5-3-1）為各個斜紋角度之完全經緯紗數及飛數。假設正則斜紋之組織為$\frac{g.i.k}{h.j.l}$（↗），

若（g＋h＋i＋j＋k＋l）＝N。表（5-3-2）為圖5-3-1～5-3-2的個別組織與角度。

表（5-3-1）

角度	45	63	70	75	80	82
飛數（S）	1	2	3	4	5	6
2	N×N	△ N/2×N	N×N	△ N/2×N	N×N	△ N/2×N
3	N×N	N×N	△ N/3×N	N×N	N×N	△ N/3×N
4	N×N		N×N	△ N/4×N	N×N	
5	N×N	N×N	N×N	N×N	△ N/5×N	N×N
6						△ N/6×N

（左側欄位："N為右列數字之倍數"）

表（5-3-2）

圖	5-3-1	5-3-2	5-3-3
（A）	$\frac{3}{3}$ （↗）	$\frac{7\ 3\ 1}{4\ 3\ 2}$ （↗）	$\frac{6\ 3}{4\ 3}$ （↗）
（B）	$\frac{3}{3}$ 63°角急斜紋	$\frac{7\ 3\ 1}{4\ 3\ 2}$ 70°角急斜紋	$\frac{6\ 3}{4\ 3}$ 75°角急斜紋
（C）	B圖擴大8倍	$\frac{5\ 3\ 1}{4\ 3\ 2}$ 70°角急斜紋	$\frac{8}{7}$ 80°角急斜紋
（D）	$\frac{3\ 2}{2\ 2}$ （↗）	$\frac{7\ 2\ 1}{3\ 1\ 1}$ （↗）70°角急斜紋	$\frac{7}{3}$ 82°角急斜紋
（E）	$\frac{3\ 2}{2\ 2}$ 63°角急斜紋		$\frac{5\ 1}{2\ 2}$ （↗）75°角急斜紋

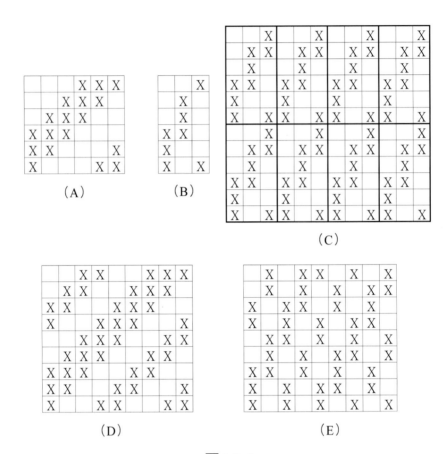

圖5-3-1

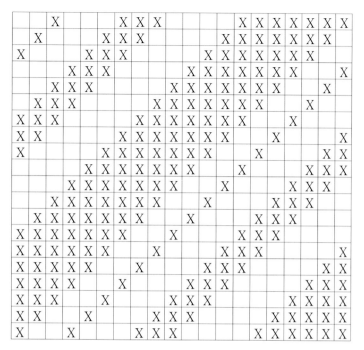

（A）

（B）

圖5-3-2

(C)

(D)

圖5-3-2（續）

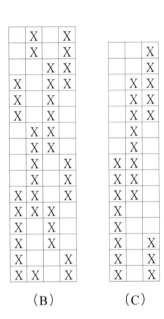

(A)   (B)   (C)

圖5-3-3

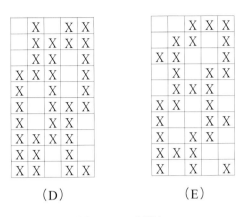

（D） （E）

圖5-3-3（續）

（二）緩斜紋（Reclining Twill）

斜紋線角度小於45°之斜紋稱為緩斜紋，一般緩斜紋之角度有27°（26.5°）、20°（18.5°）、15°（14°）、10°（11°）、8°（7.2°），括號外之角度為號稱的角度，括號內之角度為實際上的角度。

表（5-3-3）為各個緩斜紋角度之完全經緯紗數及飛數，一般緩斜紋之飛向為按緯向飛。

假設正則斜紋之組織為 $\dfrac{g.i.k}{h.j.l}$（↗），N = (g + h + i + j + k + l)。表（5-3-4）為圖5-3-4～5-3-6的個別組織與角度。

表（5-3-3）

N為右列數字之倍數	角度	45	27	20	15	10	8
	飛數（S）	1	2	3	4	5	6
	2	N×N	△ N/2×N	N×N	△ N×N/2	N×N	△ N×N/2
	3	N×N	N×N	△ N×N/3	N×N	N×N	△ N×N/3
	4	N×N		N×N	△ N×N/4	N×N	
	5	N×N	N×N	N×N	N×N	△ N×N/5	N×N
	6	N×N					△ N×N/6

表（5-3-4）

圖	5-3-4	5-3-5	5-3-6
（A）	$\frac{4}{3}$ （↗）	$\frac{6\ 3}{3\ 3}$ （↗）	$\frac{1\ 0}{5}$ （↗） 10°角緩斜紋
（B）	$\frac{4}{3}$ 27°角緩斜紋	$\frac{6\ 3}{3\ 3}$ 20°角緩斜紋	$\frac{4\ 3}{2\ 5}$ 8°角緩斜紋
（C）	$\frac{3\ 1}{1\ 3}$ （↗）	$\frac{6\ 2}{4\ 4}$ （↗）	
（D）	$\frac{3\ 1}{1\ 3}$ 27°角緩斜紋	$\frac{6\ 2}{4\ 4}$ 15°角緩斜紋	
（E）	D圖擴大4倍	$\frac{7\ 3}{4\ 4}$ （↗） 15°角緩斜紋	

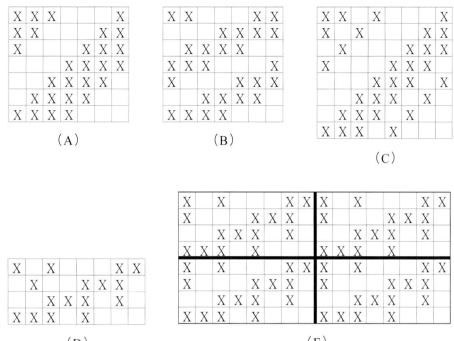

圖5-3-4

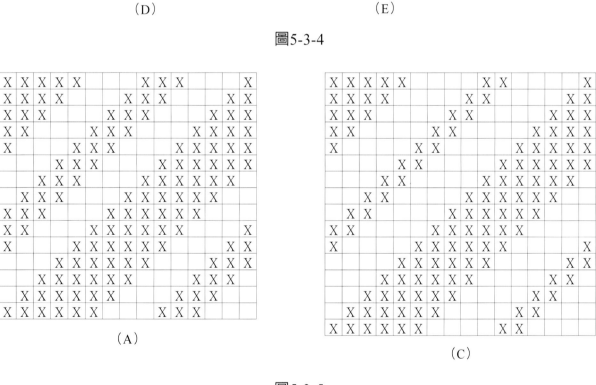

圖5-3-5

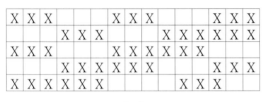

（B）

（D）

（E）

圖5-3-5（續）

（A）

（B）

圖5-3-6

（三）急緩斜紋之角度

在斜紋組織中，當經緯相同時，急緩斜紋之角度依正則斜紋縱橫向鄰紗組織點起點變異之多寡而定，如圖5-3-7。實際上斜紋線角度的大小與經緯

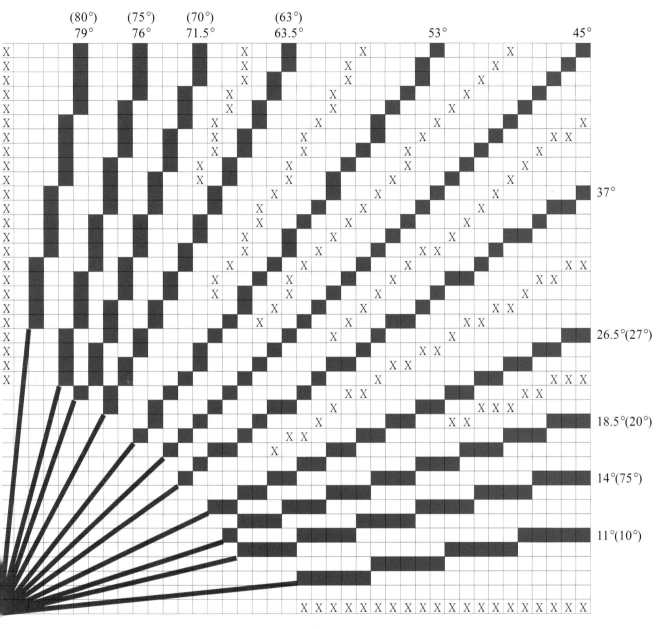

圖5-3-7

密度和經緯向飛數都有關係，故在設計織物時，即可用不同之經緯密度之比來得到所要之斜紋線角度，也可用不同之經緯向飛數或同時考慮，來設計不同的斜紋線角度，斜紋線之角度θ，可由下式求之：

$$\tan = \frac{R_2}{R_1} \times \frac{經密}{緯密}$$

R_1：一完全組織中之經紗數。

R_2：一完全組織中之緯紗數。

例7：一塊布之經緯密為100×80，組織為$\frac{5}{3}$、63°角，求布面斜紋線所呈現之斜紋線角度為何。

$\frac{5}{3}$、63°角之完全經緯紗數（$R_1 \times R_2 = 4 \times 8$）

$$\tan\theta = \frac{R_2}{R_1} \times \frac{經密}{緯密} = \frac{8}{4} \times \frac{100}{80} = 2.5$$

由三角函數表可查出角度（θ）＝

例8：已知一塊布之經密為120根／吋，組織為$\frac{2}{2}$、45°角，若要使布面呈現63°之斜紋角度，則布之緯密為何？

解：$\tan 63° = 2$，$\frac{2}{2}$、45°之$R_1 \times R_2 = 4 \times 4$

$\because \tan 63° = \frac{R_2}{R_1} \times \frac{經密}{緯密}$，$2 = \frac{4}{4} \times \frac{120}{緯密}$

$\therefore$緯密＝60根／吋

5-4　曲線斜紋

此 類斜紋是將斜紋的飛數不斷的改變，使斜紋線的傾斜角度不斷變化而獲得曲線效應，因而稱為曲線斜紋。

　　設計曲線斜紋一般是先將所設計的曲線描繪好，然後將選好的基礎斜紋組織在曲線輪廓線內填繪，依照曲線的輪廓不斷改變斜紋的飛數，以獲得所設計之曲線效應，但為了使效果圓滿，有時亦可同時對曲線輪廓稍作變動，在改變斜紋的飛數時，應注意飛數的最大值，不得超過基礎斜紋中的最大浮長，以保證曲線的連續性，同時要注意一完全組織中第一根經（緯）紗及最後一根經（緯）紗是否連續，即保證循環之完整性，如圖5-4-1所示，該圖是以 $\frac{4\ 4\ 1}{1\ 3\ 3}$ 為基礎斜紋作經向設計之曲線斜紋，其經向飛數以下列順序變化而得之：

　　S = 0,0,1,0,1,1,1,1,2,2,2,3,3,3,2,2,2,1,1,1,1,1,0,1,0,0,-1,0

　　-1,-1,-1,-1,-1,-2,-2,-2,-3,-3,-3,-2,-2,-2,-1,-1,-1,-1,0,-1

　　共48根經紗，16根緯紗所組成，其中曲線斜紋之穿綜法，一般均採用照圖穿法，即採用基本斜紋之紋圖版。

　　另外，當經向飛數順序改變時，則會有不同的曲線斜紋產生，如圖5-4-2所示，其基本組織亦為 $\frac{4\ 4\ 1}{1\ 3\ 3}$ 斜紋，但經向飛數改為下列順序，S = 0,0,0,1,0,1,1,1,1,2,2,2,3,3,3,2,2,2,1,1,1,1,1,0，共24根經紗、16根緯紗所組成，

則會有不同的曲線斜紋產生。

圖5-4-3基本斜紋為 $\frac{4\ 1}{2\ 2}$（↗），其飛數次序如下：

S = 0,0,1,0,1,1,1,2,2,2,2,1,1,1,1,0,1,0，由18根經紗、9根緯紗所組成之經向曲線斜紋。

圖5-4-4基本組織為 $\frac{4\ 1\ 1}{1\ 4\ 1}$（↘），如（A）圖所示，其飛數次序如下：

S = 0,-3,-2,-2,-2,-2,-1,-1,-1,-1,-1,0,-1,0,-1,0,-1,0,-1,-1,-1,-1,-2,-2,-2,-2,-3,-3,-6,3,3,2,2,2,2,1,1,1,1,0,1,0,1,0,1,0,1,1,1,1,1,2,2,2,2,3共56根經紗、12根緯紗所組成之經向曲線斜紋，如（B）圖所示。

圖5-4-5基本組織 $\frac{3\ 1}{1\ 3}$，其飛數次序如下：

S = 1,1,1,1,0,1,1,0,1,0,1,0,0,-1,0,-1,0,-1,-1,0,-1,-1,-1,-1,-1,-1,-1,-1,0,-1,-1,0,-1,0,-1,0,0,1,0,1,0,1,1,0,1,1,1,1，共48根經紗、8根緯紗所組成之經向曲線斜紋。

圖5-4-6基本組織為 $\frac{3\ 1}{1\ 3}$，其飛數次序如下：

S = 1,1,1,1,1,0,1,0,1,0,1,0,0,1,0,1,0,1,1,0,1,1,1,1,-1,-1,-1,-1,0,-1,-1,0,1,0,-1,0,0,-1,0,-1,0,-1,-1,0,-1,-1,-1,-1,共48根經紗、8根緯紗所組成之經向曲線斜紋。

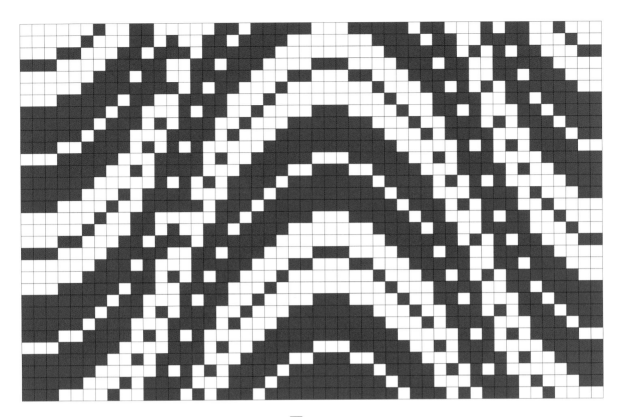

圖5-4-1

圖5-4-2

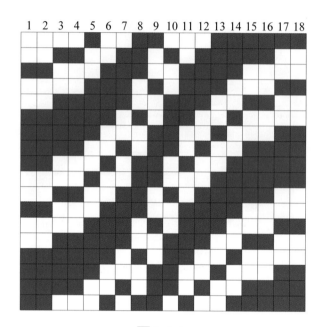

圖5-4-3

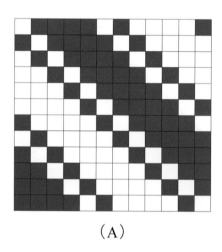

（A）

圖5-4-4

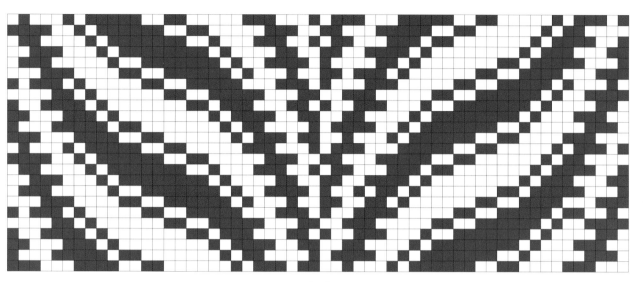

（B）

圖5-4-4（續）

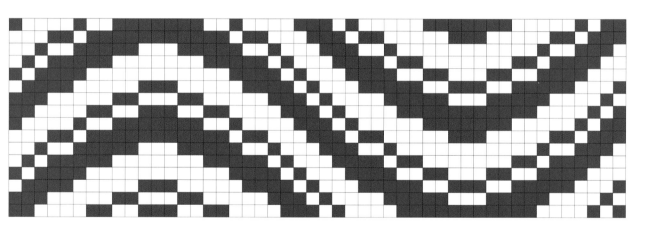

圖5-4-5

圖5-4-6

5-5　破斜紋

變更正則斜紋組織內經紗或緯紗之順序，使其一半為左斜紋，另一半為右斜紋，而形成破斷不連續的斜紋稱為破斜紋，為了使兩斜向交接分界處明顯，設計時往往使兩斜向交接處的兩根紗其經緯組織點相反（單面斜紋除外），即採用底片法設計。

一般破斜紋大都採用兩面斜紋，且完全經緯紗數為偶數根者，其設計法如下：

1.以 $\dfrac{g.i.k}{h.j.l}$ 之正則斜紋為基礎（N = g + h + i + j + k + l）

2.完全經緯紗數(R1×R2) = N×N（N為偶數）

3.繪圖法：

（1）變更次序法（單面、兩面斜紋通用）：變更正則斜紋經紗之排列順序，先按照正則斜之次序排列半數之經紗後，（即$1 \to \frac{N}{2}$根）然後再從第N根往回排至$\frac{N}{2}+1$根為止，如此可造成斜向相反之組織（一半右斜紋，另一半為左斜紋），如圖5-5-1（A）～（C）。

（2）底片法（黑白相反對法）：此種方法只適用於兩面斜紋之組織，先按正則斜紋之方向填繪一半根數之經紗（$1 \to \frac{N}{2}$根），然後第$\frac{N}{2}$根及第$\frac{N}{2}+1$根黑白相反對（即兩相鄰處經緯浮組織點相反），而後再以第$\frac{N}{2}+1$根為基礎繪反向之斜紋即可。如圖5-5-2（A）、（B）所示。

例1：繪$\frac{2\ 1}{1\ 2}$破斜紋（$R_1 \times R_2 = 6 \times 6$），利用（1）法。

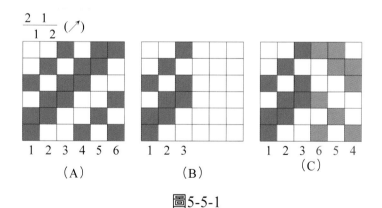

圖5-5-1

例2：繪 $\dfrac{4}{4}$ 破斜紋（$R_1 \times R_2 = 8 \times 8$），利用（2）法。

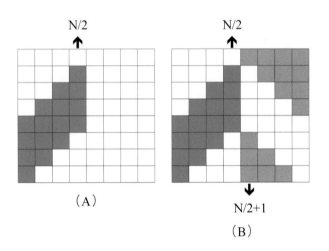

（A）

N/2+1

（B）

圖5-5-2

以下為一些破斜紋組織，請參考：

圖5-5-3為 $\dfrac{1}{5}$ 破斜紋組織

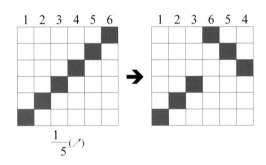

圖5-5-3

圖5-5-4為 $\dfrac{3}{1}$（↗）破斜紋組織

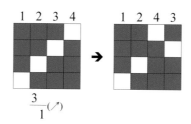

$$\dfrac{3}{1}(\nearrow)$$

圖5-5-4

圖5-5-5為 $\dfrac{3\ 3\ 1}{1\ 3\ 3}$ 破斜紋組織

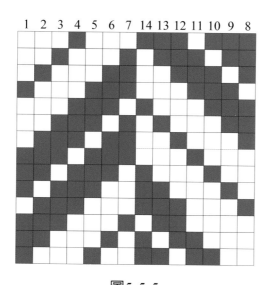

圖5-5-5

圖5-5-6為 $\frac{2}{2}$ 變化破斜紋組織

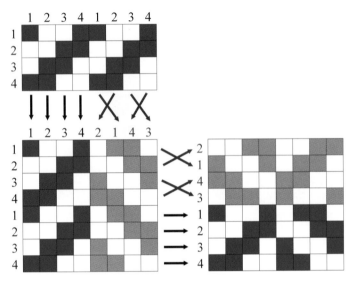

圖5-5-6

圖5-5-7為 $\frac{3}{3}$ 變化破斜紋組織

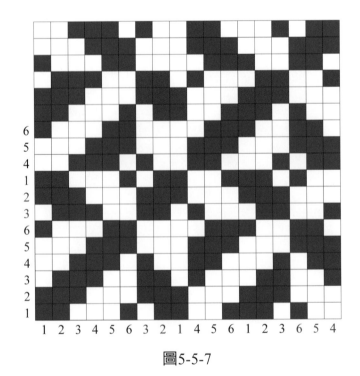

圖5-5-7

圖5-5-8為$\frac{2}{2}$變化破斜紋組織

圖5-5-8

5-6 飛斜紋組織

以正則斜紋組織為基礎，按經向（或緯向）填繪A根再依序跳去B根再填繪A根跳去B根……如此填繪而成之組織稱為飛斜紋，但填繪時需讓前後兩次所填繪N根之相鄰二根經紗互成間斷（黑白相反對）。

　　本組織和破斜紋不同之處即飛斜紋之斜紋線為同一方向，而破斜紋之斜紋線則為不同方向之斜線，但兩組織之斜紋線間斷處必為黑白相反對。

經（緯）向之飛斜紋之組織為 $\dfrac{g.i.k}{h.j.l}$，$N = (g + h + i + j + k + l)$，其填繪步驟如下：

1. 採用正則斜紋為基本組織（一般以兩面斜紋為主）

2. 每次填繪根數為A（自訂）

3. 每次跳去根數為B（飛數一般若無指定則B為 $\dfrac{N}{2}-1$）

4. 飛斜紋之完全經緯紗數 $R_1 \times R_2$ 為

　（1）完成飛斜紋一完全組織所填繪之次數為C，N和（A + B）之最小公倍數為D，C = D/(A + B)。

　（2）經向飛斜紋 $(R_1 \times R_2) = (C \times A) \times N$（經向飛，沿經向劃），緯向飛斜紋 $R_1 \times R_2 = N \times (C \times A)$（緯向飛，沿緯向劃）。

5. 繪法有二種

　（1）一般法：先繪出正則斜紋之組織圖然後再按照填繪根數A及飛跳根數B，依次填繪而成。

　（2）底片法：此法僅適用在兩面斜紋且飛跳數B = N/2−1之情況下才可使用，即每次所填繪之A根紗之相鄰兩根紗必為黑白相反對。

例1：試以 $\dfrac{3}{3}$（↗）正則斜紋為基礎，按經向每次填繪3根之飛斜紋（如圖5-6-1所示）

$N = 6$，$B = \dfrac{N}{2} -1 = 2$，$A = 3$，$A + B = 5$

N和A + B之最大倍數D = 30

$C = 30 \div 5 = 6$次，$R_1 \times R_2 = (3 \times 6) \times 6 = 18 \times 6$

或

	N	(A+B)
公因數	6	5
	6	5

C：表填繪次數，$R_1 \times R_2 = (6 \times 2) \times 6 = 12 \times 6$

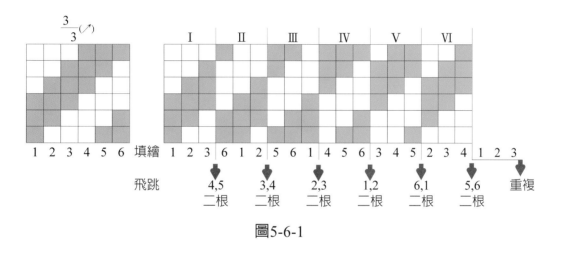

圖5-6-1

例2：試以 $\dfrac{2\ 2\ 1}{1\ 2\ 2}$（↗）為基礎按經向每次填繪4根之飛斜紋（如圖5-6-2所示）

$N = 10$，$A = 4$，$B = \dfrac{10}{2} - 1 = 4$，$D = 40$

$C = 40 \div 8 = 5$次，$R_1 \times R_2 = (5 \times 4) \times 10 = 20 \times 10$

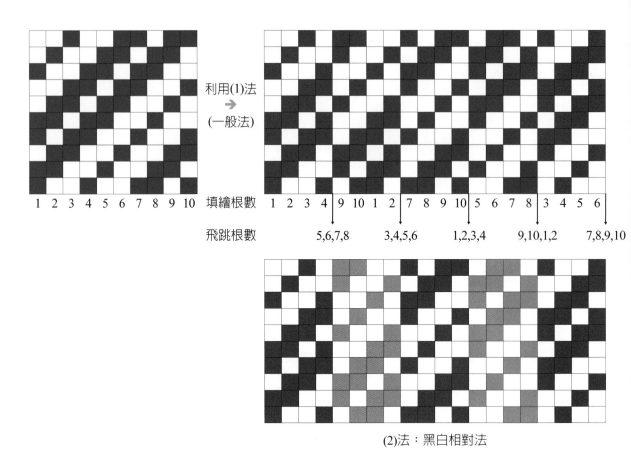

利用(1)法
(一般法)

填繪根數

| 1 | 2 | 3 | 4 | 5 | 6 | 7 | 8 | 9 | 10 |

| 1 | 2 | 3 | 4 | 9 | 10 | 1 | 2 | 7 | 8 | 9 | 10 | 5 | 6 | 7 | 8 | 3 | 4 | 5 | 6 |

飛跳根數　　　　　5,6,7,8　　3,4,5,6　　1,2,3,4　　9,10,1,2　　7,8,9,10

(2)法：黑白相對法

圖5-6-2

以下為一些飛斜紋組織，請參考：

圖5-6-3為 $\frac{4}{4}$（↗）按經向每次填繪 2 根之飛斜紋（$R_1 \times R_2 = 16 \times 8$）。

圖5-6-3

圖5-6-4為 $\dfrac{3\ 3\ 1}{1\ 3\ 3}$（／）按經向每次填繪4根之飛斜紋（$R_1 \times R_2 = 28 \times 14$）。

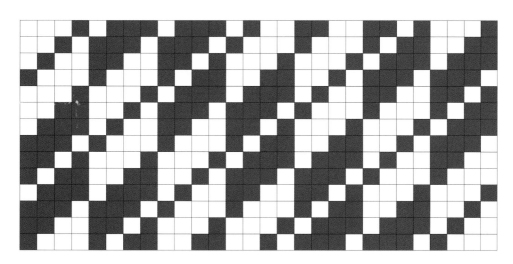
圖5-6-4

圖5-6-5為 $\dfrac{3}{2}\dfrac{1}{2}$ （↗）按緯向每次填繪3根飛跳4根之飛斜紋（$R_1 \times R_2 =$ 8×24）。

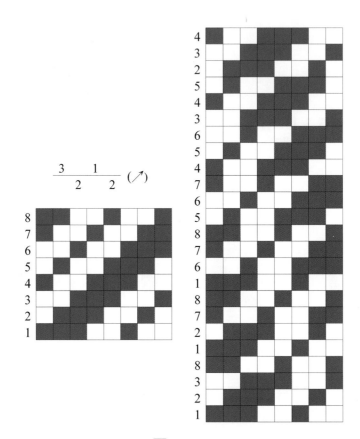

$$\dfrac{3}{2}\quad\dfrac{1}{2}\quad（↗）$$

圖5-6-5

圖5-6-6為以$\dfrac{3}{3}$（↗）先按經向每次填繪6根飛跳2根，作一完全組織後，再按緯向每次填繪6根飛跳2根之花式飛斜紋組織（$R_1 \times R_2 = 18 \times 18$）。

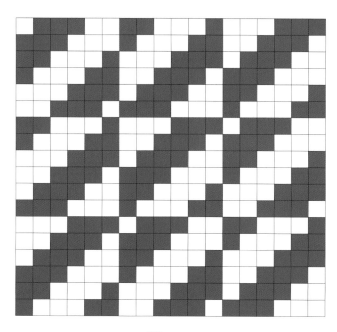

圖5-6-6

　　圖5-6-7為以$\dfrac{4}{4}$（↗）按經向每次填繪6根、飛跳3根，填繪2根、飛跳3根之花式飛斜紋組織（$R_1 \times R_2 = 32 \times 8$）。

圖5-6-7

圖5-6-8為以 $\dfrac{2\;2}{1\;3}$（↗）及 $\dfrac{3\;1}{2\;2}$（↗）正反兩面組織為基礎，每次相互填繪4根之花式飛斜紋組織（$R_1 \times R_2 = 32 \times 8$）。

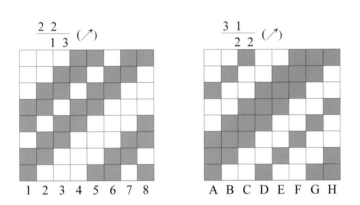

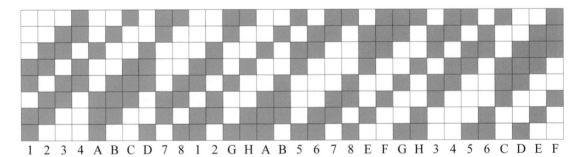

1 2 3 4 A B C D 7 8 1 2 G H A B 5 6 7 8 E F G H 3 4 5 6 C D E F

圖5-6-8

圖5-6-9，圖5-6-10，圖5-6-11為按經緯兩方向填繪之花式飛斜紋。

圖5-6-9

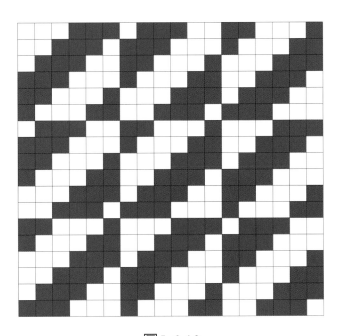

圖5-6-10

圖5-6-11

5-7 山形斜紋

以正則斜紋為基礎，變化其斜紋方向，使其一部分向右斜，一部分向左斜而形成類似山型之斜紋稱為山形斜紋，其中因山峰之高低互相對稱與否，以及斜紋線粗細之不同乃有種種不同之山形斜紋組織，山形斜紋根據山峰（斜紋線之轉折點）的方向可分為經山形斜紋和緯山形斜紋兩種，山峰方向沿經方向的山形斜紋稱為經山形斜紋，如圖5-7-1（A）所示為 $\frac{1}{3}$ 經山形斜紋，如山峰方向沿緯方向的山形斜紋稱為緯山形斜紋，如圖5-7-1（B）所示為緯山形斜紋。

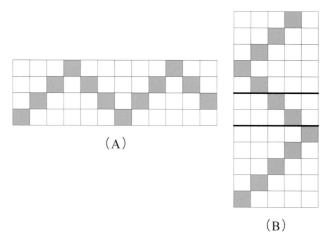

(A)

(B)

圖5-7-1

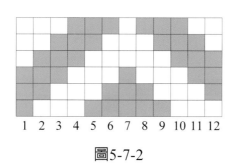

1 2 3 4 5 6 7 8 9 10 11 12

圖5-7-2

　一般山形斜紋設計如下：

1. 對稱形山形斜紋

（1）首先選定一山形斜紋之基本斜紋，其完全經緯紗數＝N×N（如正則斜紋、急斜紋、緩斜紋），通常最好選用經緯浮點相差不大之斜紋為佳，如 $\frac{3}{3}$ 斜紋。

（2）決定山形斜紋在第幾根經紗（或緯紗）之後改變斜紋方向，如圖

3-7-2，決定在第7根經紗後（即第8根）改變斜紋方向，即設K=7。

（3）計算山形斜紋之經緯紗數

　　(a) 經山形斜紋$(R_1 \times R_2) = (2K-2) \times N$，如圖5-7-2的$R_1 \times R_2 = 12 \times 6$

　　(b) 緯山形斜紋$(R_1 \times R_2) = N \times (2K-2)$

（4）根據R_1，R_2在意匠紙上劃出其循環範圍，然後依基本斜紋從左下角開始填繪組織點，填至轉變方向前的那一根（即K根）為止，然後轉變方向依對稱之順序填繪，直至繪完一山形循環為止。

　　圖5-7-3為對稱山形斜紋之組織圖，請參考。

　　圖5-7-3為 $\dfrac{3\ 1\ 1\ 2\ 1\ 1}{2\ 2\ 2\ 2\ 2\ 2}$ 經山形斜紋，（K = 12，$R_1 \times R_2 = 22 \times 21$）。

圖5-7-3

圖5-7-4為 $\dfrac{3}{1}\dfrac{1}{3}$ 緯山形斜紋，（K＝9，$R_1 \times R_2 = 8 \times 16$）。

圖5-7-4

圖5-7-5為 $\dfrac{3}{2}\dfrac{1}{2}$ 經山形斜紋，（K＝8，$R_1 \times R_2 = 14 \times 8$）。

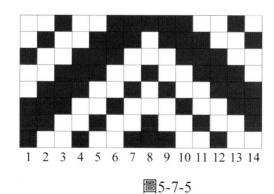

圖5-7-5

圖5-7-6為$\frac{2}{2}$緯山形斜紋，（K = 4，$R_1 \times R_2 = 4 \times 6$）

圖5-7-6

2. 鋸齒型山形斜紋

此類山形斜紋與對稱型山形斜紋不同之處，在於斜紋線的轉折點（山峰或山谷），不在同一水平線（或垂直線）上，而使各個山峰高低（左右）不平，形成鋸齒狀，故稱鋸齒型山形斜紋，鋸齒型山斜紋又可分為經鋸齒型及緯鋸齒型山形斜紋。鋸齒型山形斜紋的設計方法如下：

（1）選定基本斜紋組織（正則斜紋、急斜紋或緩斜紋），其$R_1 \times R_2 =$ N×N。

（2）選定轉變斜紋方向前的經紗（或緯紗）根數K（可以有數個轉折點K_1, K_2, K_3……）。

（3）決定轉折點發生位差的鋸齒飛數（S），即左右斜紋相交處之位差。

（4）計算鋸齒山形斜紋之經緯紗數

(a) 轉折點為奇數：$R_1(R_2) = nN-1$

(b) 轉折點為偶數：$R_2(R_2) = nN-2$或nN，n為正整數

在設計時應特別注意第一根經（緯）紗和最後一根經（緯）紗是否連貫，以避免紋路之間斷，如圖5-7-7所示，是以$\dfrac{3\ 1\ 2\ 1}{2\ 2\ 2\ 2}$斜紋為基礎，按照$K_1 = 5$，$K_2 = 4$，$K_3 = 11$，$K_4 = 4$，$K_5 = 7$，$S = 1$所組成之經鋸齒型山形斜紋，其完全經紗數$R_1 = K_1 + K_2 + K_3 + K_4 + K_5 = 31$，$R_2 = 15$，即$R_1 \times R_2 = 31 \times 15$。

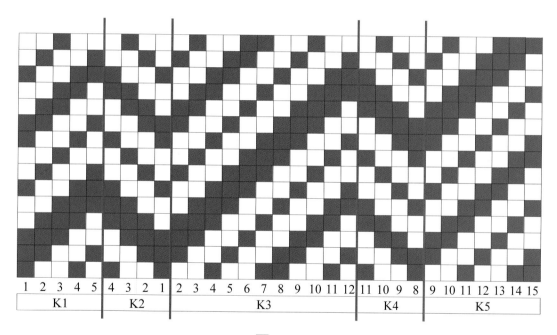

圖5-7-7

圖5-7-8以$\dfrac{3\ 1\ 1}{2\ 2\ 1}$（↗）為基礎，按照$K_1=10$，$K_2=9$，$K_3=5$，$K_4=4$，$S=1$之經鋸齒型山形斜紋（$R_1 \times R_2 = 28 \times 10$）。

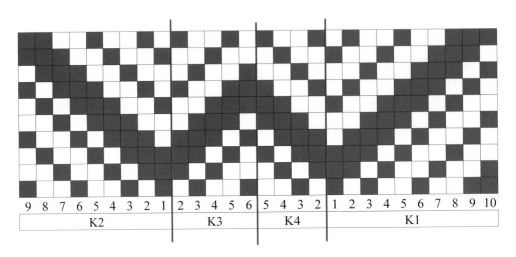

圖5-7-8

圖5-7-9以$\dfrac{3\ 1\ 1}{2\ 1\ 2}$（↗）為基礎按$K_1=8$，$K_2=3$，$K_3=7$，$K_4=3$，$K_5=7$，$K_6=3$，$K_7=7$，$K_8=3$，$K_9=7$，$K_{10}=2$，$S=1$之緯鋸齒型山形斜紋（$R_1 \times R_2 = 10 \times 50$）。

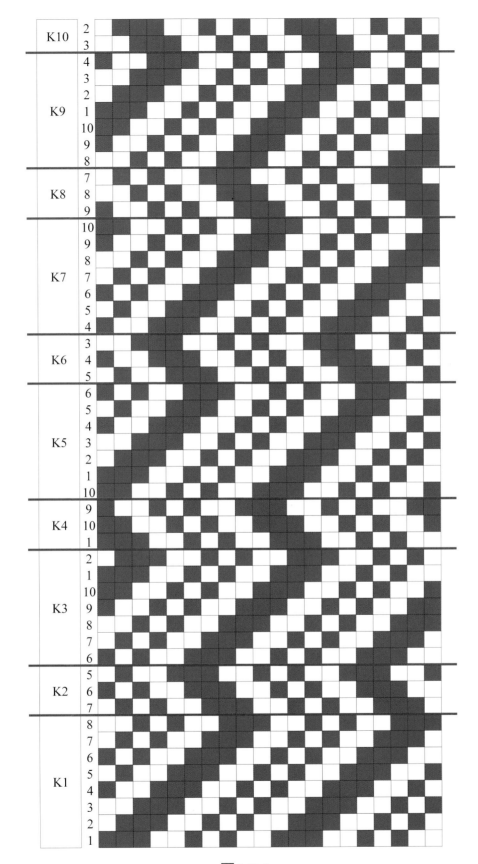

圖5-7-9

圖5-7-10以$\frac{2}{2}$（↗）為基礎，按K = 6，S = 2，之經向鋸齒型山形斜紋（R$_1$×R$_2$ = 12×4）。

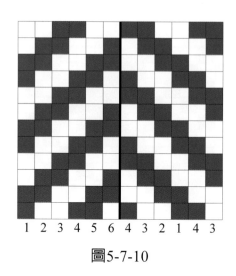

1 2 3 4 5 6 4 3 2 1 4 3

圖5-7-10

3. 變化山形斜紋組織：如圖5-7-11，圖5-7-12，圖5-7-13所示。

圖5-7-11

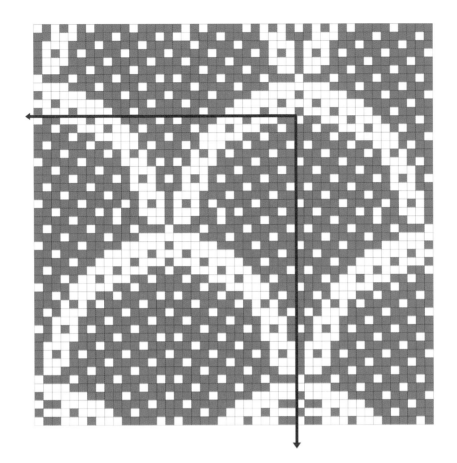

圖5-7-12

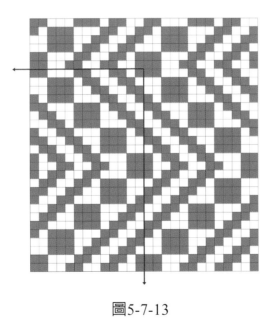

圖5-7-13

5-8 菱形斜紋

凡斜紋之方向成為菱形之斜紋組織稱為菱形斜紋,其設計方法一般有兩種:

1.對角線法

(1) 選定一完全經緯紗為偶數根之基本斜紋組織,一般為 $\frac{1}{n}$(1上n下)之斜紋。

(2) 在意匠紙上,先由左下角起做一對角線,再由左上角起之第二根作另一反向之對角線,將一完全組織分為四個半幅菱形。

(3) 再各空白地區填繪適當花紋(此花紋最好亦是菱形花紋)。

例:劃一$R_1 \times R_2 = 8 \times 8$之菱形斜紋(如圖5-8-1所示)。

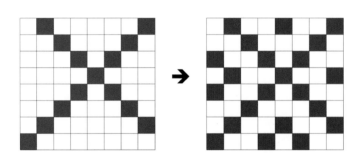

圖5-8-1

2. 重疊法

（1）選定一斜紋為其基本組織。

（2）選定轉變方向前的經緯紗數（K_1及K_2），K_1及K_2可以相同也可以不同，K_1及K_2即為經向及緯向之對稱軸。

（3）計算其完全經緯紗數：

$R_1 = 2K_1-2$

$R_2 = 2K_2-2$

（4）在意匠紙上劃一循環範圍，並以第K_1根為經方向，第K_2根為緯方向之對稱軸。

（5）以左下角為起始點，填繪基本組織並填繪對稱軸，然後在K_1之右邊及K_2軸之上方，按反方向依對稱順序填繪組織點直至一完全組織完成為止。

例：以$\frac{3}{3}$（↗）為基本組織，$K_1 = K_2 = 13$之菱形斜紋（$R_1R_2 = 24×24$）（如圖5-8-2所示）。

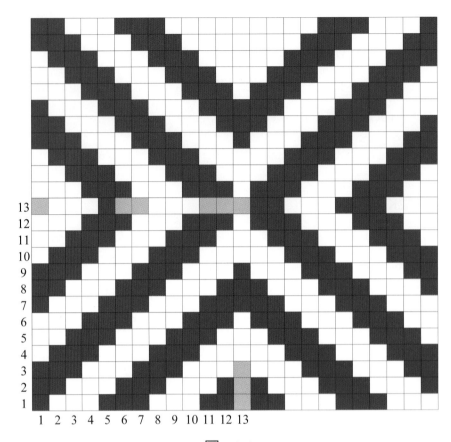

圖5-8-2

以下圖例為菱形斜紋之組織圖，請參考：

圖5-8-3係由$R_1 \times R_2 = 10 \times 10$之菱形斜紋的擴大4倍圖。

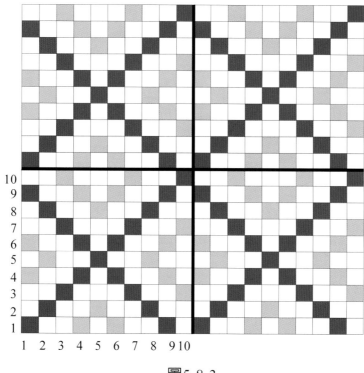

圖5-8-3

　　圖5-8-4係以$\dfrac{1\ 3}{2\ 2}$（↗）為基本組織，$K_1 = K_2 = 8$之菱形斜紋。（$R_1 \times R_2$ $= 14 \times 14$）

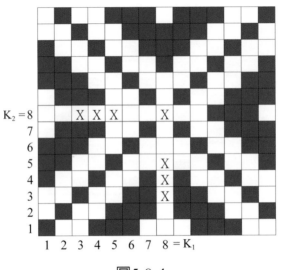

$K_2 = 8$

7 6 5 4 3 2 1

1 2 3 4 5 6 7 8 $= K_1$

圖5-8-4

圖5-8-5係以$\dfrac{2}{2}$（↗）為基本組織，$K_1 = K_2 = 9$之菱形斜紋。（$R_1 \times R_2 = 16 \times 16$）

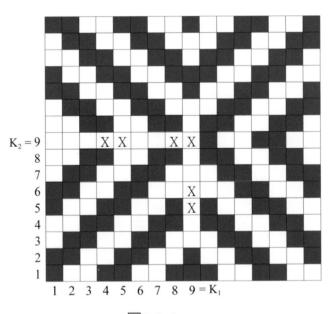

$K_2 = 9$

8 7 6 5 4 3 2 1

1 2 3 4 5 6 7 8 9 $= K_1$

圖5-8-5

圖5-8-6為利用 $\frac{1\ 2\ 2}{2\ 1\ 2}$ 經緯破斜紋合併而成之菱形斜紋。（$R_1 \times R_2 =$ 20×20）

圖5-8-6

3. 變化菱形斜紋

在菱形斜紋中加入一些花紋稱為變化菱形斜紋，其目的為使其更為美觀、華麗，但應注意經緯浮長不可過長，以避免織造上之困難，如圖5-8-7、圖5-8-8、圖5-8-9所示。

圖5-8-7

圖5-8-8

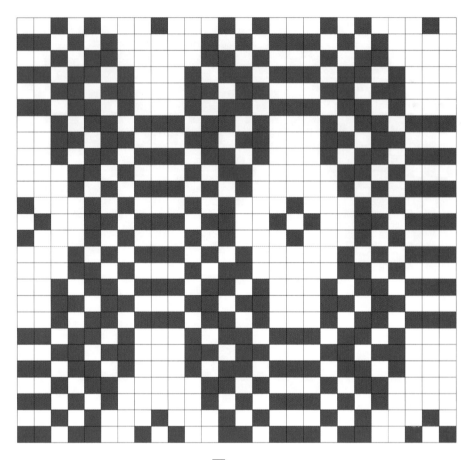

圖5-8-9

5-9 夾花斜紋

夾花斜紋是在正則斜紋線中，加入一些簡單的組織所組成，所加入的組織，一般為方平組織、十字型的重平組織或方向相反的斜紋，以及其他的小幾何形花紋組織，夾花斜紋一般主要用於領帶或服飾上。

其設計方法如下：

1. 由設計者本身決定一完全經緯紗數。
2. 在其範圍內以斜紋線繪出一主體對角線（斜紋線角度自訂）。
3. 在主體對角線兩側空白處，加入適當之花紋，但所加入之花紋不可和主體對角線相連接，以免相混淆。
4. 設計之花樣應以新穎、藝術、美觀、大方為原則。

如圖5-9-1～圖5-9-6為夾花斜紋織組織。

圖5-9-1

圖5-9-2

圖5-9-3

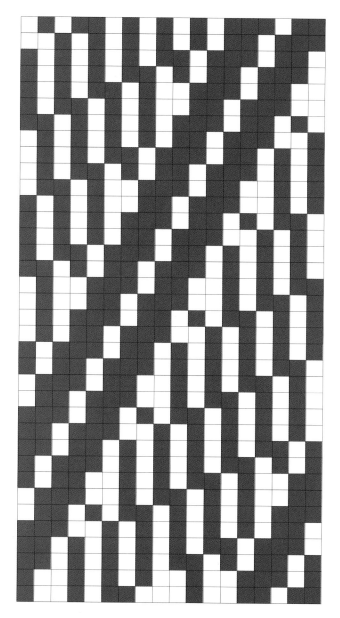

圖5-9-4

圖5-9-5

圖5-9-6

5-10 撚斜紋

以兩個起點相異的同一個正則斜紋組織為基礎，或以兩個組織不同，但完全經緯紗數相等之正則斜紋為基礎，將二正則斜紋之經和緯相互依序混合（即一排在單數根，一排在雙數根）排列而成之組織，使之布面呈現螺旋狀（斜向呈現凸紋），故稱為撚斜紋或螺旋斜紋，此類組織又因按經或緯排列順序之改變，又可分為經撚斜紋（按經紗順序排列者）及緯撚斜紋（按緯紗順序排列者）二種，一般撚斜紋設計如下：

1. 設基本斜紋組織之完全經緯紗數為（N×N）。
2. 撚斜紋之完全經緯紗數為（$R_1 \times R_2$）。
   （1）經撚斜紋$R_1 \times R_2 = 2N \times N$
   （2）緯撚斜紋$R_1 \times R_2 = N \times 2N$
3. 所採用的二個基本組織，最好是經緯浮長相等，且交錯點一樣之組織。
4. 在排列時須注意相鄰兩根經紗（或緯紗）之組織點，大部分應黑白相反對為宜。
5. 設計此斜紋之經密要大，否則斜紋線會顯得稀疏破碎。

圖5-10-1為兩個不同起點之$\frac{3}{4}$（↗）所組成之經撚斜紋。

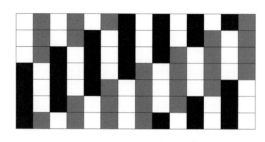

圖5-10-1

圖5-10-2為兩個不同起點之 $\dfrac{5}{4}$ （↗）所組成之經撚斜紋。

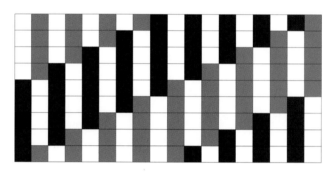

圖5-10-2

圖5-10-3為 $\dfrac{7\ 1}{2\ 2}$ 及 $\dfrac{6\ 2}{2\ 2}$ 兩個不同組織所組成之撚斜線。

圖5-10-3

圖5-10-4為兩個不同起點之$\dfrac{3}{4}$（↗）所組成之緯撚斜紋。

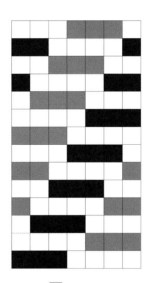

圖5-10-4

圖5-10-5為兩個不同起點之 $\frac{4}{5}$（↗）所組成之緯撚斜紋。

$$R_1 \times R_2 = 8 \times 8$$

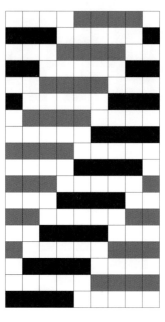

圖5-10-5

5-11　網形斜紋

網 形斜紋是由兩組互成直角之左右兩斜線所組成，且同組間之斜紋線彼此互相平行，其平行線條數之多寡可自行決定，惟二方向不同斜紋線互相接觸之組織點絕不得重複，否則紋路將混亂不清。凡左右平行之斜紋線為H根者，稱為H根網形斜紋，因外觀頗似蘆蓆斜紋或卍字斜紋，故又稱蘆蓆斜紋或卍字斜紋，其繪製方法如下：

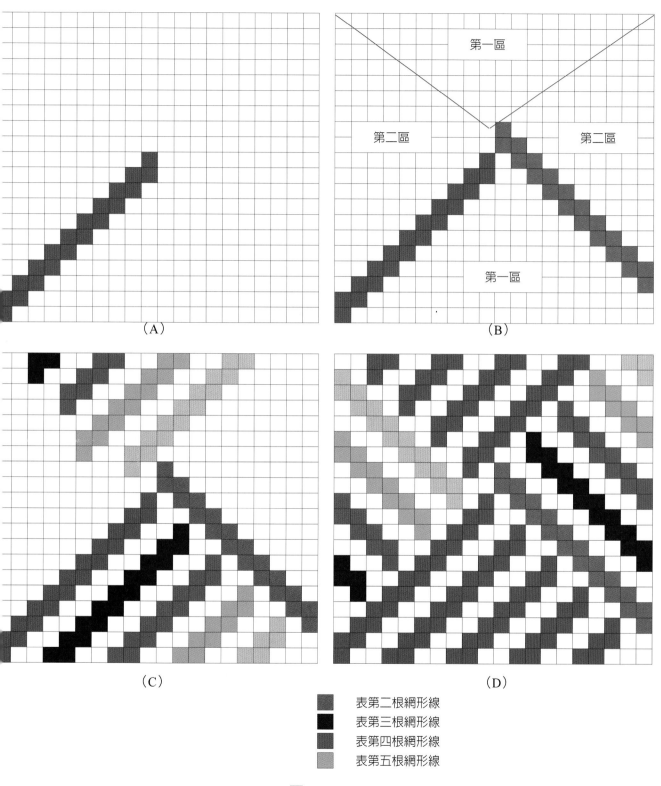

圖5-11-1

1. 先選定一基礎斜紋，一般採用兩面斜紋（$\frac{m}{n}$）（如 $\frac{2}{2}$，$\frac{3}{3}$ 斜紋）且設基礎斜紋之完全經緯紗數為 N×N。

2. 所繪製之網形斜紋根數為 H 根。

3. 因此 $\frac{m}{n}$、H 根之網形斜紋的一完全經緯紗數為 $R_1 \times R_2 = NH \times NH$。

  例：基礎斜紋為 $\frac{2}{2}$，網形根數 H 為 5 根之網形斜紋。$R_1 \times R_2 = 20 \times 20$（如圖5-11-1所示）

  （1）在規劃好的經緯紗根數循環內填入 m 上之斜紋線，第一條斜紋線自左下角起始，填至半數之經紗數為止，（如圖5-11-1（A）所示）。

  （2）填繪第二區之斜紋線，其斜紋線的斜向與第一區相反，斜線之起點在第一區第一條斜線的末端相鄰之紗線提高 m 格，然後向下劃 m 格，直至所剩半數經紗數填完為止，（如圖5-11-1（B）所示）。

  （3）在第一區，按 $\frac{m}{n}$ 斜紋規則向右填繪，由第二條到第五條逐根填繪至第二區之第一條斜紋線為止，然後往下數至半數經紗數為止，如在填繪時斜線長度超過意匠線範圍之下端，但仍未填滿半數經緯紗數時，則應轉回意匠線循環之上部填繪至填滿半數經紗根數為止，（如圖3-11-1（C）所示）。

  （4）在第二區填繪 $\frac{m}{n}$ 與第一區方向相反的斜紋線，由第二條至第五條逐根填繪至第一區之第一條斜線為止，然後往上數至半數經紗根數為止，（如圖5-11-1（D）所示）。

以下為一些網形斜紋之組織圖，僅作參考：

圖5-11-2為以$\frac{3}{3}$斜紋為基礎填繪4根織網形斜紋。

圖5-11-2

圖5-11-3、圖5-11-4、圖5-11-5為變化網狀斜紋。

圖5-11-3

圖5-11-4

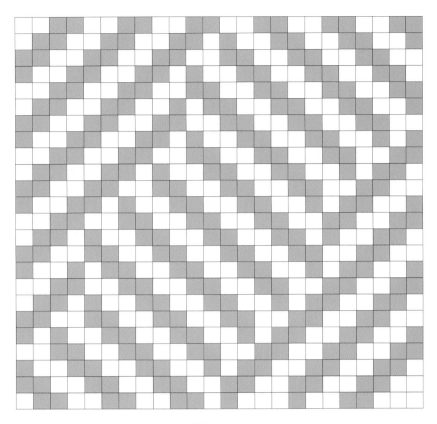

圖5-11-5

5-12 陰陽斜紋

陰陽斜紋又稱為晝夜斜紋組織，通常以單面斜紋之經面與緯面兩種組織互相混合而成，其設計方法如下：

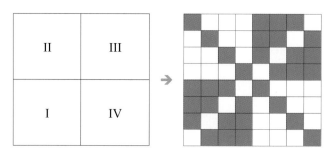

圖5-12-1

1.基礎組織一般均採用 $\frac{1}{n}$（1上n下）或 $\frac{n}{1}$（n上1下）之單面組織，其完全經緯紗數為N×N。

2.陰陽斜紋之完全經緯數(R₁×R₂) = 2N×2N。

3.將所規劃之經緯紗數分為四個區域，每個區域之經緯紗數最好相等。

4.將經面或緯面之單面組織填入其中，但經面及緯面斜紋各佔據對角之位置。（此經面及緯面斜紋一般互為正反面關係）。

例：以 $\frac{3}{1}$（↗）為基礎，試繪陰陽斜紋組織。R₁×R₂ = 8×8，（如圖5-12-2所示）。

以下為陰陽斜紋組織，請參考：

圖5-12-3為以$\dfrac{7}{1}$（↗）為基礎之陰陽斜紋

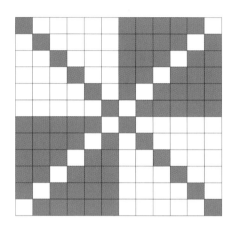

圖5-12-2

圖5-12-3為以$\dfrac{2}{1}$（↗）為基礎之陰陽斜紋

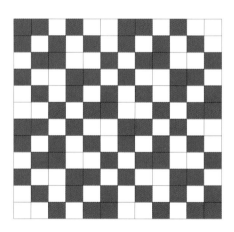

圖5-12-3

圖5-12-4為以$\frac{1}{2}\frac{1}{4}$（↗）為基礎之陰陽斜紋

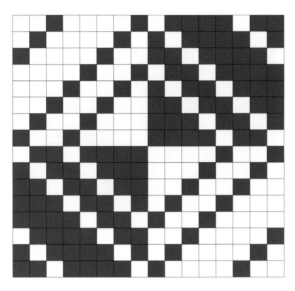

圖5-12-4

圖5-12-5為以$\frac{1}{3}$（↗）及$\frac{3}{1}$（↖）混合排列而成之變化陰陽斜紋。

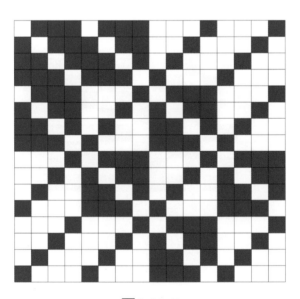

圖5-12-5

圖5-12-6為混合排列而成之變化陰陽斜紋。

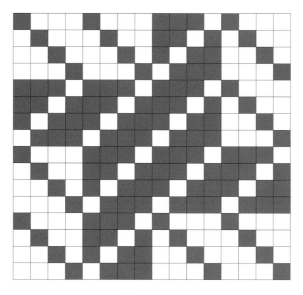

圖5-12-6

　　圖5-12-7，5-12-8亦為陰陽斜紋，但斜向相同，故織物表面上所呈現之陰陽花紋不甚明顯。

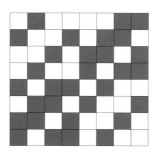

圖5-12-7

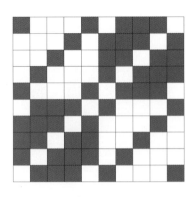

圖5-12-8

5-13　陰影斜紋

陰影斜紋組織是將緯面斜紋逐漸過渡到經面斜紋，或由經面斜紋逐漸過渡到緯面斜紋之組織，織物表面呈現由明到暗或由暗到明之外觀效果，一般緹花織物常用此斜紋作為設計，如用對比色（如黑白色）之經緯紗，則其花紋會更明顯及美觀，陰影斜紋之填繪法有二：

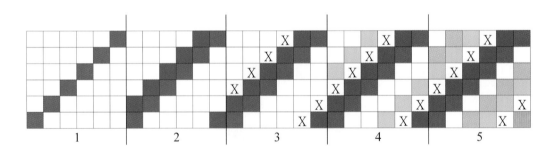

■　：第1次加上之經浮點
X　：第2次加上之經浮點
▨　：第3次加上之經浮點
▨　：第4次加上之經浮點

圖5-13-1

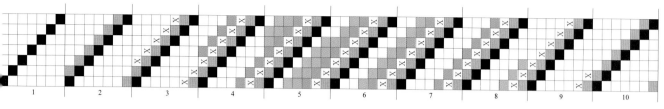

| : 第1次加上之經浮點 |
| : 第2次加上之經浮點 |
| : 第3次加上之經浮點 |
| : 第4次加上之經浮點 |
| : 第5次加上之經浮點 |

圖5-13-2

1. 增點法（減點法）

（1）選定基礎斜紋組織，一般選用 $\frac{1}{n}$ （1上n下）或 $\frac{n}{1}$ （n上1下）之單面斜紋，設其完全經緯紗線為N×N。

（2）陰陽斜紋之完全經緯紗數 $(R_1 \times R_2) = (N-1) \, N \times N$ 。

（3）將所設定之經緯紗根數分為（N-1）區。

（4）在每一個循環內填繪基礎組織，然後依序在每個循環內的斜紋組織點旁（右邊或左邊，但同一方向）遞增一個組織點。

例：以 $\frac{1}{5}$ （↗）為基礎組織填繪一陰陽斜紋，如圖5-13-1所示。

$R_1 \times R_2 = 6(6-1) \times 6 = 30 \times 6$

圖5-13-2以 $\frac{1}{6}$ （↗）為基礎組織，為陰→陽→陰效果之陰陽斜紋。

$R_1 \times R_2 = (2N-4) \times N = 70 \times 7$

2. 組織法

　　此法為依組織經緯浮之多而少或少而多排列而成，如圖5-13-3所示為

$\frac{5\ 1\ 1\ 1\ 1\ 2\ 3\ 4}{5\ 4\ 3\ 2\ 1\ 1\ 1\ 1}$斜紋，因經緯浮多寡之變化而成的陰陽斜紋組織。

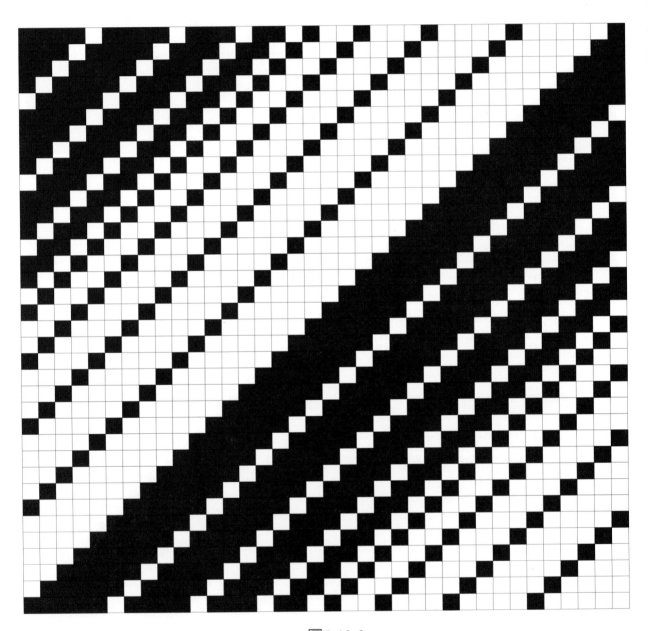

圖5-13-3

5-14 重緞子組織

於 正則緯面（經面）緞紋組織點旁，沿縱向、橫向或對角線方向，增加（減少）一個組織點，所組成之組織，其目的是在減少緞紋組織之浮長，以增加其堅牢度，如圖5-14-1係由8枚3飛緯面緞紋為基礎，在原組織點之右側加一組織點而成之重緞子組織，圖3-14-2為以10枚3飛緯面緞紋為基礎於組織點的右上角加一組織點而成之重緞子組織。

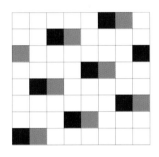

圖5-14-1

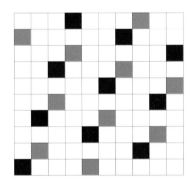

圖5-14-2

5-15　花崗組織

於 緯面緞紋組織點之周圍加數點組織點所成之組織，稱為花崗組織，所加的組織點的方向、形式和數目都沒有設限，只要求加入組織點後，所形成的小點花紋具有特別樣式，外觀形成花崗石之外形即可，在設計時應注意下列事項：

1.花紋中浮在表面的經、緯浮點不宜過長。

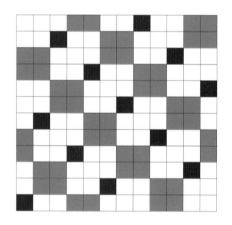
圖5-15-1

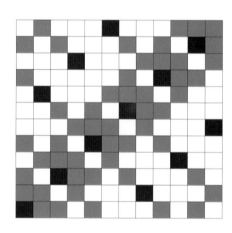
圖5-15-2

圖5-15-3   圖5-15-4

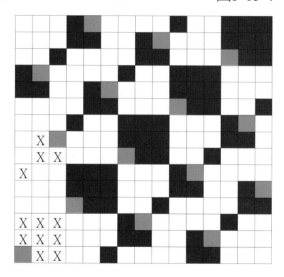

圖5-15-5

2.額外加入之組織點，應使本組織與緞紋點同樣勻稱。

3.形成之花紋點的方向不應混亂，應力求清晰美觀。

　　如圖5-15-1～圖5-15-5為花崗組織，圖5-15-1為在12枚5飛緯面緞紋的右上角加四點組織點，圖5-15-2為在12枚7飛緯面緞紋之對角線上之組織點的上方與右方加上七個經浮點，再令兩斜紋列緞紋組織之左、右下角各加一經浮點所組成，圖5-15-3為在10枚3飛緯面緞紋之組織的上下各加四點所組成，另外圖5-15-4為在18枚5飛之緯面緞紋的組織上加七點所組成，而圖5-15-5則為15枚11飛之緯面緞紋之組織上加入大小不同之小方塊所形成的花崗組織。

5-16　變則緞紋

原 組織中緞紋組織所應用之飛數為同一方向，稱為正則緞紋，凡作緞紋組織時，不依正則緞紋組織填繪者，則屬於變則緞紋組織，變則緞紋的完全經緯紗數最少為6根，設計步驟如下：

1.訂出所欲設計之變則緞紋，如N枚緞紋，N一定為偶數。

2.變則緞紋的完全經緯紗數$(R_1 \times R_2) = N \times N$。

3.飛數$(S) = \dfrac{N}{2} - 1$，其中
   （1）經面變則緞紋→經向飛。
   （2）緯面變則緞紋→緯向飛。

4.將設定之完全經緯紗根數劃出。

例：繪6枚緯面變則緞紋（緯向飛）$R_1 \times R_2 = 6 \times 6$，$S = \dfrac{6}{2} - 1 = 2$

5.沿經向（或緯向）按所定之飛數，劃至經紗數（或緯紗數）的一半根數為止，（如圖5-16-1（A）所示）。

6.在一半根數的相鄰根數上，找出於第$\dfrac{N}{2}$根紗之對應組織點（如圖中「■」所示）

7.在第$\dfrac{N}{2}$ + 1根紗上，找出中心根數（除「X」紗之外），如「　」所示，然後以「■」位置為起始點，反方向飛，飛數S相同，（如圖5-16-1（B）所示）。

例：繪8枚經面緞紋（經飛向，如圖5-16-2所示）

$R_1 \times R_2 = 8 \times 8$，$S = \dfrac{8}{2} - 1 = 3$

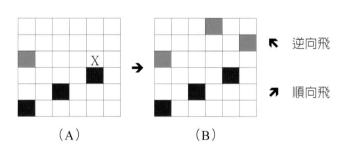

逆向飛

順向飛

（A）　　　　　　（B）

圖5-16-1

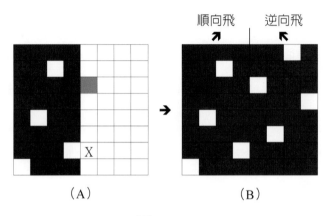

（A）   （B）

圖5-16-2

以下為一些變則緞紋之組織圖，請參考：

圖5-16-3為8枚緯面變則緞紋。

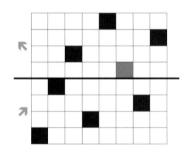

圖5-16-3

圖5-16-4為6枚經面變則緞紋。

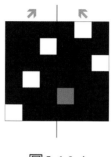

圖5-16-4

圖5-16-5為12枚緯面變則緞紋。

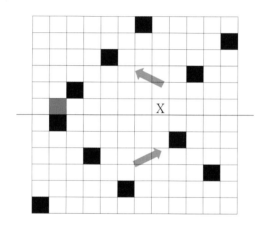

圖5-16-5

圖5-16-6為10枚緯面變則緞紋。

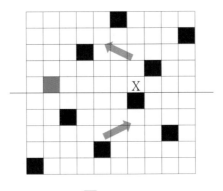

圖5-16-6

5-17　陰陽緞紋

將經面及緯面緞紋交互配置，並於其交界處兩者之組織點互成黑白相反對且二者之飛數需相反，如此所得之組織，稱為陰陽緞紋。

　如圖5-17-1（A）～（C）所示各為5枚、8枚、10枚緯面緞紋，值得注意的是於四個角落上有組織點者不宜作陰陽緞紋，因角落上有組織點易與經面緞紋四個角落上之組織點互相混淆，故須移動經紗（或緯紗）之順序數根，如圖5-17-2（A）～（C）所示。

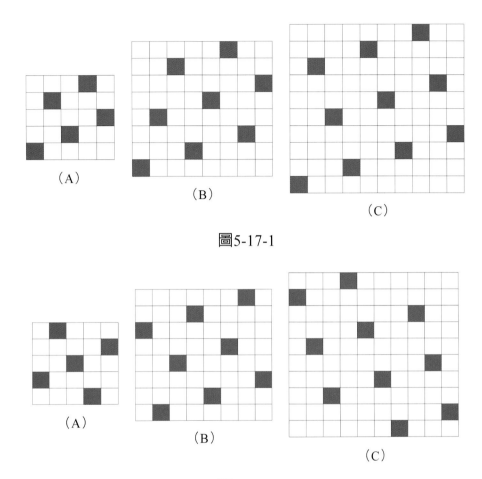

（A）

（B）

（C）

圖5-17-1

（A）

（B）

（C）

圖5-17-2

陰陽緞紋組織之設計如下：

1. 定出基礎緞紋組織（N枚緞紋）。
2. 其陰陽緞紋之完全經緯紗數$(R_1 \times R_2) = 2N \times 2N$
3. 將所設定的經緯紗數，平均分成四區，且在其對角位置填入經面緞紋
   （或緯面緞紋），另一對角位置填入緯面緞紋（或經面緞紋）。

4.所填入之經緯面緞紋，四個角落不得有組織點，而且經緯面緞紋需黑白相反對，如上文所述。

以下為陰陽緞紋之組織圖，請參考。

圖5-17-3為以5枚3飛緯面緞紋為基礎之陰陽緞紋。

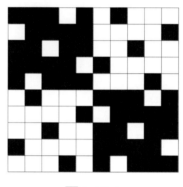

圖5-17-3

圖5-17-4為以8枚3飛緯面緞紋為基礎之陰陽緞紋。

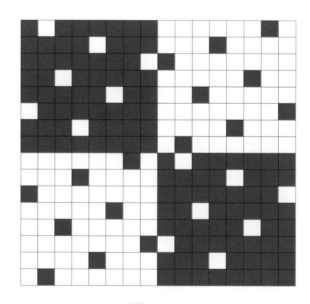

圖5-17-4

圖5-17-5為以10枚7飛緯面緞紋為基礎之陰陽緞紋。

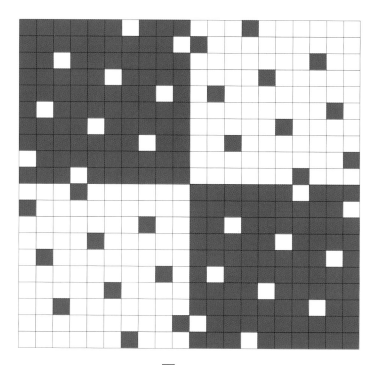

圖5-17-5

5-18　陰影緞紋

陰影緞紋組織是由緯面緞紋逐漸過渡到經面緞紋，或由經面緞紋逐漸過渡到緯面緞紋的緞紋組織，其繪製方法與陰影斜紋類似，既仍以緯面緞紋為基礎，於原組織點之上下左右之某一方向，依次增加組織點而成之組織，如採用對比色的經緯紗，則布面呈現深淺的顏色，甚為美觀，其設計步驟如下：

1. 定出基礎緯面緞紋組織，如N枚S飛數之緯面緞紋。

2. 陰影緞紋之完全經緯紗數$(R_1 \times R_2) = (N-1)N \times N$。

3. 將所設定之經紗根數分為（N-1）區。

4. 在每一區內填繪基礎緯面緞紋組織，然後在原組織點之上下左右之某一方向，依次增加組織點。

例：以8枚5飛緯面緞紋為基礎，繪陰影緞紋（如圖5-18-1所示）

$R_1 \times R_2 = 8(8-1) \times 8 = 56 \times 8$

以下為一些陰影緞紋之組織，請參考。

圖5-18-2為以5枚2飛緯面緞紋為基礎，在原組織點之右方加一組織點而成之陰陽緞紋（$R_1 \times R_2 = 20 \times 5$）。

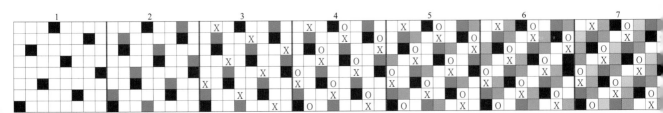

圖5-18-1

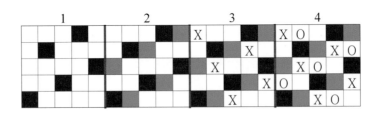

圖5-18-2

圖5-18-3為以5枚緯面緞紋為基礎，沿縱橫兩方向同時加組織點而成之陰影緞紋。

圖5-18-4為以6枚緯面變則緞紋為基礎之陰影緞紋（$R_1 \times R_2 = 7 \times 56$）。

圖5-18-5為以10枚3飛緞紋為基礎之陰影緞紋（$R_1 \times R_2 = 5 \times 30$）。

圖5-18-6為變化陰影緞紋（$R_1 \times R_2 = 8 \times 32$）。

圖5-18-3

圖5-18-4

圖5-18-5

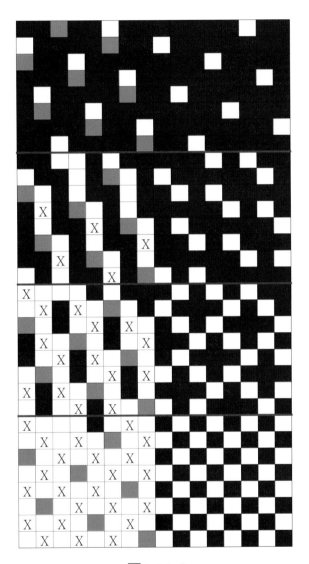

圖5-18-6

5-19 小緹花組織

小緹花織物，與大緹花織物相比，除了工藝、設備條件以及花紋變化自由程度之差異外，幾乎沒有本質的區別，一般小緹花組織之設計是在平紋組織或平紋變化組織的地紋上配置一些零星的小花紋，其花紋一般選擇小點、小花為主，但緹花的浮長不能太長，一般以3～5根為宜，儘量不要超過7根，緯浮線可稍長一點，以免各根經紗之間張力不均，增加織造上之困難。

（一）小緹花組織之設計及注意事項

1. 按所需布種之經緯密，選擇相對應之意匠紙，以免所設計的花紋因織造而發生變形。

2. 選定地組織及花組織之後，在意匠紙上先繪出花樣之輪廓圖，然後填繪組織點，但要注意花、地組織之間的距離。

3. 所使用之綜片以不超過16片為限，其中邊組織若不能用完全組織中之經紗時，則應將小提花織物控制在13～14片綜片之內，其他綜片數則讓邊組織備用。

4. 設計時應注意地紋組織有無併經之現象，尤其在地紋和花紋的交界處。

5. 花紋部分的組織，其浮長不宜過長，且各經紗間之交錯數不能差異過大，以達到張力平衡。

6. 綜片及組織之配合要合理，最好全部經紗能平均分配穿於各綜片中，以免造成提綜時動力不均之現象。

（二）小提花設計實例

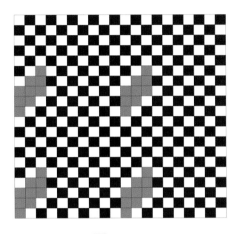

圖5-19-1

圖5-19-2

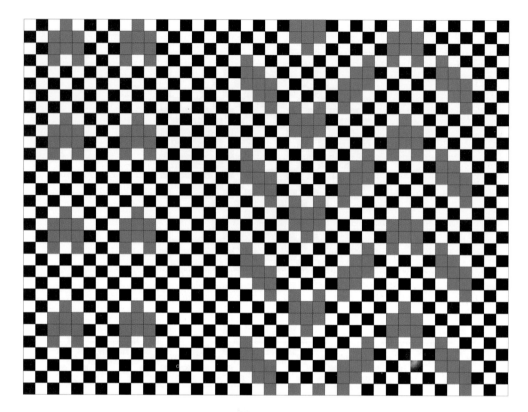

圖5-19-3

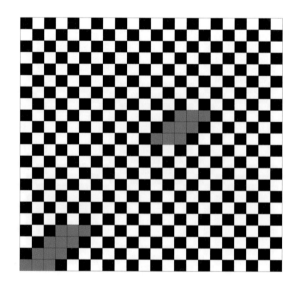

圖5-19-4

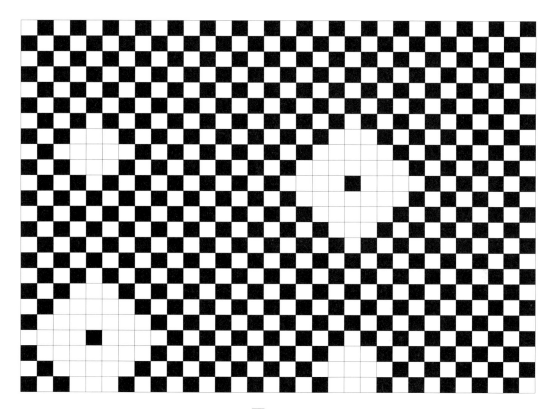

圖5-19-5

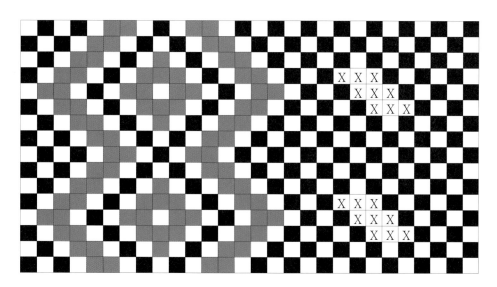

圖5-19-6

圖5-19-7

課後練習

1. 試繪 $\dfrac{3\ 2\ 1}{1\ 2\ 3}$ 變化經重平組織，變化緯重平組織，及變化方平組織。

2. 試說明經重平及緯重平組織，在布面呈現的外觀有何不同？

3. 試問經重平組織為何要另加布邊組織？

4. 試述布邊的組織及其注意事項。

5. 試以5枚2飛緯面緞紋為例，說明其布邊如何安排。

6. 試繪下列各斜紋組織

   (a) $\dfrac{5\ 1}{3\ 3}$ 70°   (b) $\dfrac{4\ 1}{1\ 2}$ 63°   (c) $\dfrac{6\ 1}{4\ 3}$ 75°   (d) $\dfrac{5\ 2}{2\ 1}$ 70°

   (e) $\dfrac{4\ 3}{2\ 5}$ 27°   (f) $\dfrac{5\ 2}{1\ 4}$ 20°   (g) $\dfrac{3\ 1}{2\ 3}$ 15°   (h) $\dfrac{2\ 3}{5\ 5}$ 20°

7. 已知布的組織為 $\dfrac{4\ 1}{1\ 2}$ 27°，經密為160，若要布面所呈之斜紋角度為63°角，則緯密應為多少？

8. 已知布之經密×緯密＝120×60，且組織為 $\dfrac{5\ 2}{2\ 3}$，若要布面所呈現之斜紋線角度為45°，則布的組織應設計幾度角之斜紋？

9. 已知布之經密×緯密＝120×80，組織為 $\dfrac{4}{4}$ 63°角，則布面所呈現之斜紋線角度為何？

10. 試繪出以 $\dfrac{5\ 3}{2\ 5}$ 組織為基礎，其飛數變化為1,0,1,0,1,0,1,0,1,1,0,1,1,1,1,2,1,2,2,2,2,1,2,1,1,1,1,1,0,1的經向曲線斜紋（$R_1 \times R_2 = 30 \times 15$）。

11. 試繪出以 $\dfrac{4\ 1}{2\ 2}$ 組織為基礎，其飛數變化為1,0,1,0,1,1,1,2,2,2,2,1,1,1,1, 0,1,0的曲線斜紋（$R_1 \times R_2 = 18 \times 9$）。

12. 試繪出下列各破斜紋組織：

(a) $\dfrac{1}{5}$　(b) $\dfrac{1}{7}$　(c) $\dfrac{4}{6}$　(d) $\dfrac{3\ 1}{2\ 2}$

(e) $\dfrac{1\ 2\ 1}{1\ 1\ 2}$　(f) $\dfrac{3\ 1\ 1}{1\ 3\ 1}$　(g) $\dfrac{4\ 3}{2\ 2}$　(h) $\dfrac{1\ 1}{3\ 7}$

13. 試繪出下列各飛斜紋組織：

(a) 以 $\dfrac{3}{3}$（↗）為基礎，每次填繪6根之經向飛斜紋。

(b) 以 $\dfrac{4}{4}$（↗）為基礎，每次填繪4根之緯向飛斜紋。

(c) 以 $\dfrac{3\ 1}{1\ 3}$（↗）為基礎，每次填繪4根飛跳2根之經向飛斜紋。

(d) 以 $\dfrac{3}{3}$（↗）為基礎，每次填繪6根，經向、緯向各飛跳2根之飛斜紋。

14. 試繪出下列各對稱型山形斜紋：

(a) 以 $\dfrac{3\ 1}{1\ 3}$ 為基礎，繪K=9之對稱型經山形斜紋。

(b) 以 $\dfrac{3\ 2\ 1}{1\ 2\ 3}$ 為基礎，繪K=12之對稱型緯山形斜紋。

(c) 以 $\dfrac{2\ 2\ 1}{1\ 2\ 3}$ 為基礎，繪K=10之對稱型緯山形斜紋。

15. 試繪出下列各鋸齒型山形斜紋：

(a) 以 $\dfrac{2\ 1\ 1}{1\ 1\ 2}$ 為基礎，按$K_1=8$，$K_2=3$，$K_3=3$，$K_4=7$，$K_5=3$，$K_6=3$，S=1之經向鋸齒型山形斜紋。

(b) 以 $\dfrac{3\ 1}{2\ 2}$ 為基礎 $K_1=8$，$K_2=3$，$K_3=7$，$K_4=3$，$K_5=7$，$K_6=3$，$K_7=7$，$K_8=7$，$K_9=3$，$K_{10}=7$，$K_{11}=3$，$K_{12}=7$，$K_{13}=3$，$K_{14}=6$之經向鋸齒型山形斜紋。

16. 試繪出下列各菱形斜紋：

(a) 利用對角線法，試繪一 $R_1\times R_2=12\times12$ 之菱形斜紋，並在空白處加一些花紋。

(b) 利用對稱法以 $\dfrac{4}{4}$ 為基礎組織，$K_1=K_2=10$ 之菱形斜紋。

(c) 利用對稱法以 $\dfrac{2\ 3}{1\ 4}$（↗）為基礎組織，$K_1=K_2=12$ 之菱形斜紋。

17. 試繪出下列各撚斜紋：

(a) 以 $\dfrac{3}{4}$（↗）為基礎，試繪經撚斜紋。

(b) 以 $\dfrac{4\ 4}{5\ 1}$（↗）為基礎，試繪經撚斜紋。

(c) 以 $\dfrac{3\ 2}{2\ 1}$（↗）及 $\dfrac{4}{4}$（↗）為基礎，試繪緯撚斜紋。

(d) 以 $\dfrac{5}{3}$（↗）及 $\dfrac{3}{5}$（↗）為基礎，試繪經撚斜紋。

(e) 以 $\dfrac{4}{4}$ 為基礎，試繪緯撚斜紋。

18. 試繪出以 $\dfrac{4}{4}$ 為基礎，H = 2根之網形斜紋。

19. 以 $\dfrac{1}{4}$（↗）緯面斜紋為基礎，試繪陰陽斜紋。

20. 以 $\dfrac{1}{7}$（↗）斜紋為基礎，試繪陰影斜紋。

21. 以下列緞紋為基礎，試繪出下列重緞子組織：

　　(a) 7枚緞紋　　(b) 10枚緞紋　　(c) 12枚緞紋

22. 試繪出下列變則緞紋組織：

　　(a) 10枚變則緞紋　　(b) 12枚變則緞紋　　(c) 16枚變則緞紋

23. 試繪出下列之陰陽緞紋組織：

　　(a) 以7枚2飛緯面緞紋為基礎之陰陽緞紋組織。

　　(b) 以12枚5飛經面緞紋為基礎之陰陽緞紋組織。

　　(c) 以6枚緯面變則緞紋為基礎之陰陽緞紋組織。

24. 試繪出下列陰影緞紋組織：

　　(a) 以7枚3飛緯面緞紋為基礎之陰影緞紋組織。

　　(b) 以8枚緯面變則緞紋為基礎之陰影緞紋組織。

　　(c) 以9枚4飛經面緞紋為基礎之陰影緞紋組織。

國家圖書館出版品預行編目資料

織物設計與分析／曾雯卿、黃竣群、蔡鴻宜
著. ――初版.――臺北市：五南, 2017.01
　　面；　公分
　ISBN 978-957-11-8966-6（平裝）

1.紡織品

478.16　　　　　　　　　　105023412

1Y52

織物設計與分析

作　　　者 ― 曾雯卿(280.6)、黃竣群、蔡鴻宜

發 行 人 ― 楊榮川

總 編 輯 ― 王翠華

主　　　編 ― 李貴年

責任編輯 ― 周淑婷

封面設計 ― 簡鈴惠

出 版 者 ― 五南圖書出版股份有限公司

地　　　址：106台北市大安區和平東路二段339號4樓

電　　　話：(02)2705-5066　　傳　　　真：(02)2706-6100

網　　　址：http://www.wunan.com.tw

電子郵件：wunan@wunan.com.tw

劃撥帳號：01068953

戶　　　名：五南圖書出版股份有限公司

法律顧問　林勝安律師事務所　林勝安律師

出版日期　2017年1月初版一刷

定　　　價　新臺幣420元